SUBTRACTION FAST FACTS

Timed Math Facts Practice Tests

This book belongs to:

Printed in the United States of America
ISBN: 978-1-64824-044-7
EDventure Learning LLC
5601 State Route 31 #1296
Clay, NY 13039

www.edventurelearning.com

Email us at hello@edventurelearning.com
Follow us on social media @edventurelearning

Welcome to *Subtraction Fast Facts!* This workbook is designed to help you master subtraction by covering all facts from 0 to 20 using 100 timed tests. By practicing regularly, you'll strengthen your subtraction skills, increase your speed, and build the confidence you need to succeed in math.

How to Use This Workbook:

- Set a Timer: Each test is designed to be completed as quickly as possible. Use a timer to track your speed and challenge yourself to improve.
- Practice Regularly: Consistency is key! Work on one or two tests each day to steadily improve your skills.
- Review Mistakes: After each test, check the answer key in the back, review any errors, and focus on the facts that need extra practice.
- Track Your Progress: At the top of each page is space to record your time and score. In the back of the book, you will also find a progress tracking chart you can use to record your growth over time. Use it to see how far you've come and to set goals for improvement. Remember, progress takes time—keep practicing, and you'll see great results!

Good luck, and have fun mastering your subtraction facts!

CONTENTS

1

Subtract from 0-5

Time: __________

Score: _____/ 40

(1) 5 − 3	(2) 3 − 3	(3) 0 − 0	(4) 4 − 2	(5) 4 − 3
(6) 5 − 0	(7) 1 − 1	(8) 3 − 0	(9) 5 − 4	(10) 1 − 0
(11) 5 − 5	(12) 5 − 1	(13) 3 − 1	(14) 5 − 2	(15) 4 − 0
(16) 4 − 4	(17) 3 − 2	(18) 2 − 2	(19) 2 − 1	(20) 4 − 1
(21) 2 − 0	(22) 5 − 0	(23) 5 − 5	(24) 1 − 1	(25) 4 − 3
(26) 0 − 0	(27) 2 − 0	(28) 5 − 3	(29) 2 − 2	(30) 1 − 0
(31) 5 − 2	(32) 3 − 3	(33) 4 − 0	(34) 3 − 2	(35) 5 − 4
(36) 3 − 1	(37) 3 − 0	(38) 2 − 1	(39) 4 − 2	(40) 5 − 1

2

Subtract from 0-5

Time: ____________

Score: ______/ 40

(1) $4 - 4$	(2) $4 - 1$	(3) $1 - 0$	(4) $5 - 2$	(5) $5 - 3$
(6) $5 - 4$	(7) $4 - 3$	(8) $1 - 1$	(9) $4 - 2$	(10) $5 - 5$
(11) $3 - 2$	(12) $0 - 0$	(13) $4 - 0$	(14) $5 - 1$	(15) $4 - 4$
(16) $3 - 3$	(17) $2 - 0$	(18) $4 - 1$	(19) $5 - 0$	(20) $2 - 2$
(21) $3 - 1$	(22) $2 - 1$	(23) $3 - 0$	(24) $5 - 5$	(25) $5 - 4$
(26) $3 - 1$	(27) $5 - 3$	(28) $5 - 2$	(29) $1 - 1$	(30) $2 - 2$
(31) $2 - 1$	(32) $5 - 0$	(33) $4 - 3$	(34) $0 - 0$	(35) $1 - 0$
(36) $2 - 0$	(37) $4 - 2$	(38) $3 - 3$	(39) $5 - 1$	(40) $3 - 2$

3

Subtract from 0-5

Time: ________

Score: _____/ 40

(1) 4 − 4	(2) 3 − 0	(3) 4 − 0	(4) 4 − 1	(5) 5 − 2
(6) 2 − 2	(7) 4 − 1	(8) 5 − 0	(9) 1 − 1	(10) 5 − 5
(11) 3 − 1	(12) 0 − 0	(13) 3 − 2	(14) 4 − 2	(15) 3 − 0
(16) 4 − 4	(17) 5 − 4	(18) 2 − 1	(19) 4 − 0	(20) 5 − 3
(21) 4 − 3	(22) 3 − 3	(23) 1 − 0	(24) 2 − 0	(25) 5 − 1
(26) 1 − 0	(27) 2 − 0	(28) 4 − 2	(29) 3 − 3	(30) 2 − 1
(31) 3 − 2	(32) 2 − 2	(33) 5 − 5	(34) 3 − 0	(35) 5 − 0
(36) 4 − 0	(37) 5 − 4	(38) 5 − 2	(39) 4 − 3	(40) 5 − 1

4

Subtract from 0-5

Time: ____________

Score: _____/ 40

(1) $5 - 3$	(2) $0 - 0$	(3) $3 - 1$	(4) $4 - 4$	(5) $4 - 1$
(6) $1 - 1$	(7) $2 - 0$	(8) $3 - 3$	(9) $5 - 3$	(10) $4 - 3$
(11) $0 - 0$	(12) $5 - 1$	(13) $5 - 2$	(14) $3 - 1$	(15) $2 - 1$
(16) $1 - 0$	(17) $1 - 1$	(18) $4 - 2$	(19) $3 - 2$	(20) $4 - 4$
(21) $4 - 0$	(22) $5 - 5$	(23) $3 - 0$	(24) $4 - 1$	(25) $5 - 0$
(26) $5 - 4$	(27) $2 - 2$	(28) $5 - 3$	(29) $5 - 5$	(30) $2 - 1$
(31) $2 - 2$	(32) $3 - 1$	(33) $4 - 1$	(34) $3 - 3$	(35) $4 - 2$
(36) $4 - 0$	(37) $5 - 1$	(38) $5 - 2$	(39) $0 - 0$	(40) $1 - 0$

5

Subtract from 0-5

Time: ________

Score: _____/ 40

(1) 5 − 4	(2) 3 − 2	(3) 4 − 4	(4) 4 − 3	(5) 2 − 0
(6) 3 − 0	(7) 5 − 0	(8) 1 − 1	(9) 5 − 4	(10) 1 − 1
(11) 4 − 0	(12) 4 − 1	(13) 1 − 0	(14) 4 − 2	(15) 5 − 1
(16) 2 − 2	(17) 3 − 2	(18) 5 − 0	(19) 5 − 5	(20) 3 − 1
(21) 5 − 3	(22) 0 − 0	(23) 4 − 3	(24) 2 − 0	(25) 5 − 2
(26) 2 − 1	(27) 4 − 4	(28) 3 − 0	(29) 3 − 3	(30) 4 − 1
(31) 4 − 2	(32) 5 − 2	(33) 2 − 0	(34) 4 − 4	(35) 3 − 3
(36) 2 − 1	(37) 5 − 3	(38) 5 − 4	(39) 4 − 0	(40) 1 − 1

6

Subtract from 0-5

Time: __________

Score: _____/ 40

(1) 3 − 2	(2) 3 − 1	(3) 0 − 0	(4) 3 − 0	(5) 5 − 0
(6) 5 − 5	(7) 2 − 2	(8) 1 − 0	(9) 4 − 3	(10) 5 − 1
(11) 3 − 1	(12) 3 − 2	(13) 4 − 0	(14) 4 − 3	(15) 5 − 0
(16) 0 − 0	(17) 2 − 0	(18) 5 − 4	(19) 5 − 1	(20) 3 − 0
(21) 1 − 0	(22) 2 − 1	(23) 5 − 5	(24) 1 − 1	(25) 4 − 1
(26) 2 − 2	(27) 4 − 4	(28) 5 − 2	(29) 3 − 3	(30) 4 − 2
(31) 5 − 3	(32) 2 − 0	(33) 5 − 4	(34) 4 − 1	(35) 3 − 2
(36) 2 − 1	(37) 5 − 1	(38) 3 − 1	(39) 5 − 2	(40) 5 − 5

7

Subtract from 0-5

Time: ________

Score: _____/ 40

(1) 2 − 2	(2) 1 − 1	(3) 5 − 3	(4) 4 − 4	(5) 4 − 0
(6) 3 − 3	(7) 5 − 0	(8) 3 − 0	(9) 0 − 0	(10) 4 − 3
(11) 1 − 0	(12) 4 − 2	(13) 4 − 1	(14) 4 − 2	(15) 3 − 0
(16) 4 − 0	(17) 1 − 1	(18) 3 − 0	(19) 4 − 3	(20) 5 − 4
(21) 5 − 1	(22) 5 − 3	(23) 2 − 4	(24) 2 − 0	(25) 3 − 1
(26) 5 − 2	(27) 0 − 0	(28) 1 − 0	(29) 5 − 1	(30) 5 − 5
(31) 2 − 2	(32) 4 − 2	(33) 3 − 3	(34) 4 − 0	(35) 4 − 2
(36) 5 − 2	(37) 3 − 3	(38) 3 − 0	(39) 0 − 0	(40) 1 − 1

8

Subtract from 0-5

Time: ________

Score: _____/ 40

① 4 − 3	② 5 − 1	③ 5 − 4	④ 4 − 2	⑤ 3 − 1
⑥ 4 − 1	⑦ 1 − 0	⑧ 2 − 0	⑨ 5 − 5	⑩ 3 − 0
⑪ 5 − 3	⑫ 2 − 4	⑬ 5 − 1	⑭ 2 − 2	⑮ 5 − 5
⑯ 2 − 0	⑰ 2 − 2	⑱ 1 − 1	⑲ 3 − 0	⑳ 0 − 0
(21) 2 − 4	(22) 5 − 1	(23) 5 − 2	(24) 3 − 0	(25) 3 − 1
(26) 4 − 1	(27) 5 − 1	(28) 5 − 3	(29) 4 − 2	(30) 5 − 4
(31) 1 − 0	(32) 4 − 2	(33) 4 − 0	(34) 4 − 3	(35) 3 − 3
(36) 4 − 0	(37) 3 − 3	(38) 5 − 5	(39) 1 − 1	(40) 4 − 1

9

Subtract from 6-10

Time: __________

Score: _____/ 40

① 9 − 9	② 7 − 1	③ 10 − 9	④ 10 − 3	⑤ 7 − 6
⑥ 9 − 1	⑦ 10 − 1	⑧ 9 − 5	⑨ 8 − 0	⑩ 6 − 4
⑪ 7 − 5	⑫ 6 − 5	⑬ 10 − 7	⑭ 8 − 8	⑮ 10 − 5
⑯ 10 − 2	⑰ 9 − 8	⑱ 10 − 8	⑲ 7 − 4	⑳ 8 − 3
(21) 8 − 6	(22) 7 − 3	(23) 6 − 6	(24) 6 − 3	(25) 8 − 7
(26) 8 − 2	(27) 10 − 6	(28) 7 − 7	(29) 10 − 0	(30) 10 − 4
(31) 10 − 10	(32) 8 − 5	(33) 6 − 1	(34) 6 − 2	(35) 8 − 1
(36) 9 − 7	(37) 9 − 2	(38) 9 − 0	(39) 7 − 2	(40) 8 − 4

10

Subtract from 6-10

Time: __________

Score: _____/ 40

① 9 − 6	② 9 − 4	③ 6 − 0	④ 9 − 3	⑤ 7 − 0
⑥ 6 − 5	⑦ 8 − 1	⑧ 7 − 4	⑨ 8 − 5	⑩ 6 − 6
⑪ 6 − 2	⑫ 8 − 3	⑬ 9 − 4	⑭ 8 − 4	⑮ 10 − 7
⑯ 8 − 8	⑰ 7 − 0	⑱ 10 − 1	⑲ 10 − 5	⑳ 10 − 2
(21) 10 − 4	(22) 10 − 0	(23) 7 − 2	(24) 9 − 9	(25) 8 − 6
(26) 9 − 2	(27) 6 − 4	(28) 7 − 7	(29) 6 − 3	(30) 9 − 8
(31) 9 − 7	(32) 8 − 0	(33) 8 − 7	(34) 7 − 3	(35) 9 − 6
(36) 10 − 9	(37) 10 − 3	(38) 10 − 10	(39) 6 − 0	(40) 10 − 6

11

Subtract from 6-10

Time: ________

Score: _____/ 40

(1) 9 − 3	(2) 9 − 1	(3) 6 − 1	(4) 9 − 5	(5) 8 − 2
(6) 7 − 6	(7) 7 − 1	(8) 7 − 5	(9) 9 − 0	(10) 10 − 8
(11) 7 − 6	(12) 6 − 2	(13) 9 − 5	(14) 9 − 8	(15) 10 − 9
(16) 10 − 10	(17) 7 − 4	(18) 8 − 4	(19) 10 − 1	(20) 10 − 5
(21) 7 − 1	(22) 10 − 7	(23) 7 − 3	(24) 9 − 2	(25) 6 − 0
(26) 7 − 5	(27) 10 − 6	(28) 8 − 8	(29) 9 − 6	(30) 8 − 0
(31) 10 − 3	(32) 6 − 1	(33) 8 − 5	(34) 10 − 0	(35) 9 − 1
(36) 8 − 1	(37) 8 − 7	(38) 9 − 9	(39) 10 − 2	(40) 9 − 7

12

Subtract from 6-10

Time: ___________

Score: _____/ 40

(1) 9 − 0	(2) 7 − 0	(3) 9 − 4	(4) 10 − 4	(5) 8 − 3
(6) 7 − 2	(7) 8 − 6	(8) 6 − 5	(9) 6 − 4	(10) 8 − 2
(11) 7 − 7	(12) 9 − 3	(13) 6 − 3	(14) 10 − 8	(15) 6 − 6
(16) 10 − 4	(17) 8 − 0	(18) 8 − 6	(19) 9 − 7	(20) 8 − 7
(21) 8 − 1	(22) 10 − 0	(23) 8 − 4	(24) 9 − 6	(25) 6 − 2
(26) 6 − 6	(27) 6 − 4	(28) 7 − 7	(29) 7 − 1	(30) 7 − 0
(31) 7 − 3	(32) 10 − 10	(33) 9 − 4	(34) 8 − 2	(35) 9 − 0
(36) 9 − 1	(37) 10 − 1	(38) 10 − 3	(39) 8 − 3	(40) 6 − 0

13

Subtract from 6-10

Time: ____________

Score: ______/ 40

① $9 - 3$	② $7 - 5$	③ $10 - 8$	④ $6 - 5$	⑤ $10 - 7$
⑥ $7 - 2$	⑦ $6 - 3$	⑧ $10 - 5$	⑨ $9 - 8$	⑩ $10 - 9$
⑪ $6 - 1$	⑫ $7 - 4$	⑬ $9 - 2$	⑭ $9 - 9$	⑮ $10 - 6$
⑯ $8 - 8$	⑰ $7 - 6$	⑱ $9 - 5$	⑲ $8 - 5$	⑳ $10 - 2$
(21) $10 - 9$	(22) $8 - 0$	(23) $6 - 5$	(24) $10 - 10$	(25) $7 - 6$
(26) $6 - 0$	(27) $7 - 5$	(28) $9 - 0$	(29) $9 - 1$	(30) $9 - 3$
(31) $7 - 3$	(32) $10 - 4$	(33) $10 - 1$	(34) $6 - 4$	(35) $9 - 8$
(36) $9 - 4$	(37) $8 - 6$	(38) $8 - 4$	(39) $7 - 0$	(40) $8 - 8$

14
Subtract from 6-10

Time: ___________

Score: _____/ 40

(1) 7 − 4 = ___	(2) 6 − 3 = ___	(3) 8 − 7 = ___	(4) 6 − 6 = ___	(5) 8 − 1 = ___
(6) 9 − 2 = ___	(7) 6 − 1 = ___	(8) 7 − 1 = ___	(9) 9 − 5 = ___	(10) 9 − 9 = ___
(11) 7 − 7 = ___	(12) 10 − 3 = ___	(13) 8 − 2 = ___	(14) 10 − 6 = ___	(15) 10 − 5 = ___
(16) 10 − 0 = ___	(17) 7 − 2 = ___	(18) 9 − 6 = ___	(19) 6 − 2 = ___	(20) 9 − 7 = ___
(21) 8 − 3 = ___	(22) 10 − 2 = ___	(23) 10 − 8 = ___	(24) 8 − 5 = ___	(25) 10 − 7 = ___
(26) 8 − 2 = ___	(27) 9 − 5 = ___	(28) 10 − 9 = ___	(29) 7 − 1 = ___	(30) 10 − 3 = ___
(31) 8 − 1 = ___	(32) 9 − 6 = ___	(33) 8 − 6 = ___	(34) 8 − 4 = ___	(35) 7 − 2 = ___
(36) 10 − 0 = ___	(37) 6 − 4 = ___	(38) 6 − 2 = ___	(39) 9 − 7 = ___	(40) 8 − 0 = ___

15

Subtract from 6-10

Time: ________

Score: _____/ 40

(1) 10 − 5	(2) 9 − 9	(3) 10 − 10	(4) 9 − 8	(5) 9 − 4
(6) 8 − 5	(7) 7 − 7	(8) 6 − 6	(9) 10 − 7	(10) 9 − 2
(11) 8 − 3	(12) 10 − 1	(13) 6 − 0	(14) 10 − 4	(15) 7 − 0
(16) 10 − 8	(17) 7 − 3	(18) 8 − 7	(19) 10 − 2	(20) 8 − 8
(21) 9 − 0	(22) 6 − 3	(23) 7 − 6	(24) 7 − 5	(25) 6 − 5
(26) 9 − 1	(27) 6 − 1	(28) 10 − 6	(29) 9 − 3	(30) 7 − 4
(31) 6 − 0	(32) 7 − 4	(33) 9 − 4	(34) 9 − 9	(35) 8 − 6
(36) 10 − 9	(37) 10 − 1	(38) 10 − 3	(39) 9 − 8	(40) 10 − 10

16

Subtract from 6-10

Time: ________

Score: ____/ 40

(1) 9 − 7	(2) 8 − 5	(3) 6 − 1	(4) 6 − 4	(5) 9 − 3
(6) 10 − 2	(7) 9 − 0	(8) 10 − 7	(9) 8 − 7	(10) 6 − 6
(11) 7 − 6	(12) 9 − 6	(13) 7 − 2	(14) 7 − 0	(15) 9 − 1
(16) 7 − 5	(17) 10 − 5	(18) 10 − 6	(19) 7 − 7	(20) 6 − 2
(21) 8 − 8	(22) 9 − 5	(23) 7 − 3	(24) 10 − 8	(25) 8 − 4
(26) 10 − 0	(27) 8 − 1	(28) 6 − 3	(29) 6 − 5	(30) 10 − 4
(31) 9 − 2	(32) 7 − 1	(33) 8 − 0	(34) 8 − 3	(35) 8 − 2
(36) 8 − 8	(37) 10 − 1	(38) 6 − 3	(39) 9 − 7	(40) 9 − 9

17

Subtract from 0-10

Time: ________

Score: _____/ 40

① 5 − 5	② 4 − 0	③ 1 − 1	④ 7 − 3	⑤ 6 − 2
⑥ 10 − 4	⑦ 10 − 10	⑧ 10 − 5	⑨ 9 − 1	⑩ 3 − 2
⑪ 8 − 4	⑫ 9 − 0	⑬ 9 − 5	⑭ 7 − 6	⑮ 10 − 9
⑯ 6 − 6	⑰ 8 − 8	⑱ 6 − 3	⑲ 8 − 2	⑳ 7 − 5
(21) 3 − 0	(22) 6 − 5	(23) 1 − 0	(24) 9 − 4	(25) 2 − 0
(26) 0 − 0	(27) 5 − 2	(28) 9 − 7	(29) 5 − 1	(30) 8 − 5
(31) 3 − 1	(32) 4 − 2	(33) 7 − 4	(34) 8 − 1	(35) 10 − 2
(36) 5 − 3	(37) 5 − 4	(38) 10 − 6	(39) 9 − 3	(40) 3 − 3

18

Subtract from 0-10

Time: ________

Score: _____/ 40

(1) 10 − 0	(2) 9 − 2	(3) 9 − 9	(4) 8 − 0	(5) 4 − 4
(6) 5 − 0	(7) 7 − 1	(8) 10 − 7	(9) 10 − 1	(10) 8 − 6
(11) 6 − 4	(12) 6 − 0	(13) 7 − 7	(14) 7 − 0	(15) 8 − 3
(16) 4 − 1	(17) 9 − 8	(18) 2 − 1	(19) 9 − 6	(20) 4 − 3
(21) 7 − 2	(22) 6 − 1	(23) 8 − 7	(24) 10 − 8	(25) 10 − 3
(26) 2 − 2	(27) 8 − 5	(28) 5 − 4	(29) 6 − 0	(30) 5 − 1
(31) 10 − 4	(32) 9 − 9	(33) 4 − 3	(34) 10 − 0	(35) 9 − 3
(36) 10 − 5	(37) 9 − 1	(38) 10 − 10	(39) 5 − 5	(40) 7 − 6

19

Subtract from 0-10

Time: ________

Score: _____/ 40

(1) 4 − 4 = ___	(2) 10 − 3 = ___	(3) 6 − 5 = ___	(4) 7 − 3 = ___	(5) 6 − 3 = ___
(6) 5 − 2 = ___	(7) 7 − 4 = ___	(8) 8 − 3 = ___	(9) 9 − 6 = ___	(10) 10 − 9 = ___
(11) 8 − 1 = ___	(12) 9 − 2 = ___	(13) 5 − 0 = ___	(14) 10 − 8 = ___	(15) 6 − 4 = ___
(16) 9 − 8 = ___	(17) 6 − 2 = ___	(18) 6 − 1 = ___	(19) 4 − 2 = ___	(20) 8 − 4 = ___
(21) 9 − 4 = ___	(22) 9 − 5 = ___	(23) 8 − 7 = ___	(24) 10 − 1 = ___	(25) 7 − 0 = ___
(26) 9 − 7 = ___	(27) 8 − 6 = ___	(28) 10 − 6 = ___	(29) 7 − 5 = ___	(30) 3 − 1 = ___
(31) 6 − 6 = ___	(32) 5 − 3 = ___	(33) 1 − 0 = ___	(34) 3 − 3 = ___	(35) 0 − 0 = ___
(36) 8 − 0 = ___	(37) 4 − 0 = ___	(38) 3 − 0 = ___	(39) 7 − 2 = ___	(40) 7 − 7 = ___

20

Subtract from 0-10

Time: ________

Score: _____/ 40

(1) 8 − 8	(2) 10 − 7	(3) 10 − 2	(4) 1 − 1	(5) 2 − 2
(6) 3 − 2	(7) 7 − 1	(8) 9 − 0	(9) 8 − 2	(10) 4 − 1
(11) 2 − 1	(12) 2 − 0	(13) 2 − 1	(14) 7 − 0	(15) 7 − 2
(16) 10 − 3	(17) 4 − 9	(18) 8 − 3	(19) 8 − 6	(20) 7 − 3
(21) 5 − 5	(22) 10 − 2	(23) 7 − 4	(24) 8 − 4	(25) 2 − 2
(26) 5 − 1	(27) 5 − 5	(28) 4 − 0	(29) 8 − 4	(30) 10 − 1
(31) 9 − 1	(32) 3 − 7	(33) 2 − 2	(34) 9 − 2	(35) 0 − 2
(36) 8 − 0	(37) 3 − 7	(38) 5 − 0	(39) 10 − 3	(40) 6 − 2

21

Subtract from 0-10

Time: __________

Score: _____/ 40

① 7 − 3	② 9 − 6	③ 6 − 6	④ 10 − 0	⑤ 9 − 6
⑥ 10 − 5	⑦ 4 − 8	⑧ 10 − 2	⑨ 6 − 3	⑩ 8 − 6
⑪ 9 − 0	⑫ 7 − 4	⑬ 9 − 0	⑭ 9 − 3	⑮ 4 − 0
⑯ 9 − 0	⑰ 8 − 8	⑱ 6 − 8	⑲ 6 − 5	⑳ 8 − 1
(21) 9 − 4	(22) 10 − 9	(23) 7 − 5	(24) 1 − 1	(25) 6 − 1
(26) 1 − 4	(27) 9 − 0	(28) 6 − 1	(29) 3 − 2	(30) 7 − 3
(31) 3 − 7	(32) 10 − 1	(33) 8 − 7	(34) 4 − 5	(35) 10 − 1
(36) 10 − 0	(37) 5 − 10	(38) 5 − 4	(39) 9 − 1	(40) 2 − 2

22

Subtract from 0-10

Time: ____________

Score: ______/ 40

1) 6 − 1	2) 5 − 5	3) 10 − 3	4) 6 − 6	5) 10 − 1
6) 2 − 2	7) 9 − 0	8) 9 − 6	9) 10 − 1	10) 9 − 0
11) 10 − 3	12) 8 − 4	13) 8 − 6	14) 3 − 7	15) 5 − 0
16) 3 − 2	17) 0 − 2	18) 10 − 9	19) 8 − 4	20) 7 − 4
21) 4 − 9	22) 2 − 1	23) 8 − 0	24) 9 − 4	25) 8 − 1
26) 8 − 3	27) 9 − 3	28) 5 − 10	29) 9 − 6	30) 5 − 4
31) 7 − 3	32) 10 − 5	33) 7 − 3	34) 4 − 8	35) 5 − 5
36) 8 − 7	37) 9 − 0	38) 1 − 4	39) 10 − 0	40) 5 − 1

23

Subtract from 0-10

Time: ____________

Score: _____/ 40

① 10 − 2	② 6 − 8	③ 10 − 2	④ 6 − 1	⑤ 6 − 2
⑥ 7 − 0	⑦ 6 − 3	⑧ 1 − 1	⑨ 7 − 2	⑩ 4 − 0
⑪ 7 − 4	⑫ 4 − 5	⑬ 4 − 0	⑭ 9 − 2	⑮ 7 − 5
⑯ 7 − 3	⑰ 10 − 1	⑱ 8 − 8	⑲ 10 − 0	⑳ 3 − 7
(21) 6 − 5	(22) 8 − 6	(23) 9 − 0	(24) 3 − 7	(25) 3 − 2
(26) 9 − 0	(27) 9 − 1	(28) 3 − 7	(29) 6 − 8	(30) 9 − 3
(31) 4 − 0	(32) 5 − 4	(33) 8 − 4	(34) 4 − 5	(35) 10 − 0
(36) 1 − 4	(37) 7 − 4	(38) 6 − 6	(39) 10 − 2	(40) 7 − 0

24

Subtract from 0-10

Time: ________

Score: _____/ 40

(1) 6 − 5	(2) 6 − 2	(3) 5 − 5	(4) 9 − 6	(5) 10 − 9
(6) 6 − 1	(7) 9 − 4	(8) 7 − 2	(9) 9 − 0	(10) 10 − 1
(11) 9 − 0	(12) 8 − 1	(13) 5 − 5	(14) 10 − 1	(15) 10 − 3
(16) 7 − 5	(17) 8 − 4	(18) 1 − 1	(19) 9 − 0	(20) 4 − 8
(21) 5 − 0	(22) 2 − 2	(23) 10 − 3	(24) 10 − 1	(25) 5 − 10
(26) 8 − 0	(27) 10 − 5	(28) 4 − 0	(29) 2 − 1	(30) 6 − 3
(31) 7 − 4	(32) 8 − 7	(33) 7 − 3	(34) 2 − 2	(35) 7 − 3
(36) 9 − 2	(37) 0 − 2	(38) 10 − 0	(39) 6 − 1	(40) 9 − 6

25

Subtract from 0-10

Time: ________

Score: ____/ 40

(1) 10 − 2	(2) 8 − 6	(3) 5 − 1	(4) 4 − 9	(5) 3 − 7
(6) 7 − 3	(7) 8 − 8	(8) 3 − 7	(9) 8 − 6	(10) 8 − 3
(11) 10 − 1	(12) 3 − 7	(13) 8 − 3	(14) 5 − 1	(15) 4 − 0
(16) 5 − 5	(17) 10 − 3	(18) 7 − 0	(19) 4 − 5	(20) 6 − 1
(21) 0 − 2	(22) 9 − 1	(23) 10 − 5	(24) 9 − 6	(25) 6 − 6
(26) 5 − 5	(27) 5 − 4	(28) 10 − 1	(29) 10 − 0	(30) 8 − 0
(31) 10 − 2	(32) 2 − 1	(33) 10 − 0	(34) 6 − 3	(35) 10 − 1
(36) 1 − 4	(37) 9 − 6	(38) 2 − 2	(39) 8 − 7	(40) 9 − 0

26

Subtract from 0-10

Time: ____________

Score: ______/ 40

① 3 − 7	② 2 − 2	③ 9 − 0	④ 7 − 5	⑤ 8 − 6
⑥ 7 − 3	⑦ 5 − 0	⑧ 8 − 6	⑨ 9 − 0	⑩ 6 − 2
⑪ 3 − 2	⑫ 7 − 4	⑬ 6 − 1	⑭ 10 − 2	⑮ 8 − 4
⑯ 7 − 3	⑰ 8 − 4	⑱ 5 − 10	⑲ 9 − 0	⑳ 10 − 3
(21) 4 − 9	(22) 7 − 3	(23) 4 − 8	(24) 8 − 8	(25) 4 − 0
(26) 3 − 7	(27) 9 − 2	(28) 6 − 5	(29) 7 − 4	(30) 8 − 1
(31) 7 − 2	(32) 10 − 9	(33) 1 − 1	(34) 6 − 8	(35) 9 − 4
(36) 9 − 3	(37) 4 − 0	(38) 6 − 5	(39) 5 − 5	(40) 4 − 5

27

Subtract from 0-10

Time: ________

Score: _____/ 40

(1) 8 − 7	(2) 10 − 1	(3) 8 − 8	(4) 7 − 4	(5) 7 − 0
(6) 5 − 0	(7) 9 − 0	(8) 1 − 1	(9) 4 − 0	(10) 10 − 2
(11) 10 − 3	(12) 8 − 4	(13) 3 − 7	(14) 5 − 5	(15) 2 − 1
(16) 7 − 3	(17) 10 − 5	(18) 3 − 7	(19) 8 − 4	(20) 9 − 3
(21) 7 − 5	(22) 9 − 0	(23) 6 − 6	(24) 4 − 8	(25) 10 − 3
(26) 7 − 2	(27) 8 − 6	(28) 9 − 6	(29) 10 − 0	(30) 8 − 6
(31) 10 − 2	(32) 10 − 9	(33) 3 − 7	(34) 6 − 1	(35) 6 − 2
(36) 9 − 4	(37) 3 − 2	(38) 0 − 2	(39) 9 − 0	(40) 6 − 8

28

Subtract from 0-10

Time: __________

Score: _____/ 40

(1) 2 − 2	(2) 9 − 1	(3) 9 − 0	(4) 6 − 3	(5) 7 − 3
(6) 5 − 1	(7) 10 − 0	(8) 7 − 3	(9) 8 − 3	(10) 10 − 1
(11) 8 − 0	(12) 5 − 4	(13) 2 − 2	(14) 9 − 2	(15) 5 − 10
(16) 1 − 4	(17) 9 − 6	(18) 7 − 4	(19) 6 − 1	(20) 8 − 1
(21) 4 − 9	(22) 10 − 1	(23) 1 − 4	(24) 5 − 1	(25) 9 − 1
(26) 7 − 0	(27) 7 − 3	(28) 3 − 2	(29) 9 − 6	(30) 7 − 3
(31) 10 − 0	(32) 7 − 2	(33) 3 − 7	(34) 4 − 8	(35) 8 − 1
(36) 8 − 4	(37) 4 − 5	(38) 9 − 4	(39) 10 − 5	(40) 6 − 1

29

Subtract from 0-10

Time: ________

Score: _____/ 40

(1) 8 − 6	(2) 8 − 6	(3) 7 − 3	(4) 5 − 5	(5) 3 − 7
(6) 6 − 2	(7) 6 − 1	(8) 9 − 0	(9) 3 − 7	(10) 9 − 6
(11) 8 − 4	(12) 6 − 8	(13) 10 − 2	(14) 9 − 2	(15) 8 − 0
(16) 4 − 0	(17) 8 − 8	(18) 2 − 2	(19) 9 − 0	(20) 10 − 1
(21) 10 − 1	(22) 4 − 0	(23) 10 − 2	(24) 2 − 2	(25) 9 − 0
(26) 1 − 1	(27) 10 − 3	(28) 5 − 4	(29) 2 − 1	(30) 6 − 3
(31) 0 − 2	(32) 5 − 10	(33) 10 − 9	(34) 4 − 9	(35) 6 − 5
(36) 5 − 0	(37) 8 − 7	(38) 7 − 5	(39) 8 − 3	(40) 6 − 6

30

Subtract from 0-10

Time: ________

Score: _____/ 40

(1) 9 − 0	(2) 10 − 1	(3) 7 − 4	(4) 5 − 5	(5) 10 − 0
(6) 9 − 3	(7) 7 − 4	(8) 10 − 3	(9) 10 − 1	(10) 10 − 3
(11) 6 − 0	(12) 7 − 2	(13) 9 − 3	(14) 10 − 6	(15) 2 − 1
(16) 3 − 2	(17) 1 − 7	(18) 10 − 1	(19) 9 − 1	(20) 3 − 0
(21) 7 − 7	(22) 5 − 3	(23) 6 − 1	(24) 10 − 1	(25) 5 − 1
(26) 4 − 0	(27) 5 − 0	(28) 3 − 4	(29) 9 − 7	(30) 4 − 1
(31) 4 − 0	(32) 5 − 5	(33) 6 − 10	(34) 4 − 3	(35) 9 − 8
(36) 2 − 0	(37) 7 − 2	(38) 8 − 2	(39) 6 − 3	(40) 8 − 5

31
Subtract from 11-15

Time: ________

Score: _____/ 40

(1) 13 − 10	(2) 14 − 4	(3) 12 − 2	(4) 14 − 12	(5) 13 − 7
(6) 15 − 2	(7) 13 − 9	(8) 12 − 0	(9) 11 − 10	(10) 13 − 5
(11) 11 − 11	(12) 13 − 11	(13) 14 − 1	(14) 13 − 1	(15) 12 − 3
(16) 13 − 0	(17) 11 − 3	(18) 15 − 15	(19) 15 − 0	(20) 15 − 3
(21) 15 − 12	(22) 13 − 8	(23) 11 − 9	(24) 14 − 11	(25) 12 − 6
(26) 14 − 10	(27) 11 − 6	(28) 12 − 11	(29) 14 − 7	(30) 14 − 5
(31) 13 − 13	(32) 14 − 2	(33) 15 − 7	(34) 15 − 1	(35) 13 − 2
(36) 15 − 13	(37) 12 − 10	(38) 13 − 3	(39) 13 − 12	(40) 14 − 0

32

Subtract from 11-15

Time: ____________

Score: _____/ 40

① 15 − 9	② 11 − 8	③ 11 − 5	④ 14 − 6	⑤ 12 − 9
⑥ 14 − 9	⑦ 14 − 13	⑧ 11 − 4	⑨ 12 − 12	⑩ 15 − 11
⑪ 12 − 5	⑫ 15 − 5	⑬ 12 − 1	⑭ 14 − 8	⑮ 12 − 7
⑯ 12 − 8	⑰ 13 − 6	⑱ 11 − 2	⑲ 11 − 1	⑳ 15 − 10
(21) 15 − 8	(22) 14 − 3	(23) 11 − 0	(24) 11 − 7	(25) 12 − 4
(26) 15 − 14	(27) 14 − 14	(28) 13 − 4	(29) 15 − 4	(30) 15 − 6
(31) 11 − 6	(32) 12 − 3	(33) 12 − 2	(34) 15 − 10	(35) 11 − 0
(36) 13 − 2	(37) 12 − 6	(38) 15 − 6	(39) 11 − 1	(40) 14 − 6

33

Subtract from 11-15

Time: ________

Score: _____/ 40

① 13 − 8	② 14 − 4	③ 15 − 8	④ 11 − 3	⑤ 14 − 13
⑥ 14 − 14	⑦ 14 − 11	⑧ 12 − 1	⑨ 14 − 10	⑩ 12 − 8
⑪ 13 − 13	⑫ 13 − 0	⑬ 12 − 11	⑭ 15 − 13	⑮ 14 − 5
⑯ 15 − 5	⑰ 11 − 2	⑱ 11 − 4	⑲ 14 − 9	⑳ 14 − 2
(21) 11 − 10	(22) 15 − 11	(23) 12 − 4	(24) 13 − 3	(25) 15 − 7
(26) 11 − 11	(27) 15 − 2	(28) 13 − 12	(29) 15 − 15	(30) 13 − 4
(31) 13 − 1	(32) 12 − 7	(33) 13 − 10	(34) 13 − 11	(35) 15 − 0
(36) 15 − 1	(37) 15 − 4	(38) 12 − 5	(39) 15 − 12	(40) 11 − 9

34

Subtract from 11-15

Time: __________

Score: _____/ 40

(1) 14 − 0	(2) 14 − 3	(3) 11 − 7	(4) 11 − 8	(5) 14 − 1
(6) 15 − 9	(7) 14 − 12	(8) 13 − 6	(9) 13 − 5	(10) 12 − 0
(11) 14 − 8	(12) 12 − 12	(13) 11 − 5	(14) 15 − 3	(15) 14 − 7
(16) 12 − 10	(17) 12 − 9	(18) 13 − 7	(19) 13 − 9	(20) 15 − 14
(21) 15 − 13	(22) 14 − 8	(23) 15 − 5	(24) 11 − 10	(25) 14 − 11
(26) 15 − 15	(27) 15 − 3	(28) 14 − 9	(29) 11 − 3	(30) 11 − 11
(31) 15 − 11	(32) 14 − 6	(33) 11 − 9	(34) 12 − 11	(35) 12 − 2
(36) 14 − 10	(37) 13 − 6	(38) 13 − 3	(39) 14 − 4	(40) 11 − 5

35

Subtract from 11-15

Time: ________

Score: _____/ 40

① 11 − 7	② 13 − 7	③ 15 − 2	④ 15 − 0	⑤ 11 − 1
⑥ 14 − 7	⑦ 15 − 6	⑧ 11 − 6	⑨ 14 − 13	⑩ 15 − 4
⑪ 13 − 2	⑫ 11 − 8	⑬ 11 − 4	⑭ 14 − 14	⑮ 13 − 1
⑯ 15 − 12	⑰ 15 − 9	⑱ 12 − 7	⑲ 12 − 5	⑳ 12 − 6
(21) 14 − 5	(22) 14 − 1	(23) 12 − 8	(24) 13 − 8	(25) 15 − 10
(26) 14 − 0	(27) 13 − 9	(28) 14 − 12	(29) 12 − 12	(30) 15 − 7
(31) 15 − 14	(32) 12 − 0	(33) 12 − 9	(34) 12 − 4	(35) 13 − 12
(36) 13 − 0	(37) 15 − 8	(38) 12 − 10	(39) 13 − 10	(40) 15 − 1

36

Subtract from 11-15

Time: ____________

Score: _____/ 40

(1) 14 − 2	(2) 11 − 0	(3) 11 − 2	(4) 14 − 3	(5) 13 − 11
(6) 12 − 1	(7) 13 − 13	(8) 12 − 3	(9) 13 − 4	(10) 13 − 5
(11) 12 − 8	(12) 13 − 6	(13) 13 − 9	(14) 14 − 4	(15) 12 − 0
(16) 13 − 3	(17) 13 − 7	(18) 11 − 11	(19) 13 − 13	(20) 13 − 2
(21) 15 − 4	(22) 14 − 6	(23) 11 − 3	(24) 15 − 9	(25) 12 − 6
(26) 15 − 1	(27) 12 − 4	(28) 15 − 6	(29) 15 − 8	(30) 13 − 1
(31) 15 − 12	(32) 14 − 9	(33) 15 − 3	(34) 14 − 0	(35) 14 − 12
(36) 15 − 14	(37) 11 − 7	(38) 15 − 5	(39) 14 − 8	(40) 13 − 0

37

Subtract from 11-15

Time: ________

Score: _____/ 40

① 11 − 2	② 12 − 2	③ 15 − 10	④ 12 − 12	⑤ 13 − 11
⑥ 12 − 3	⑦ 15 − 13	⑧ 12 − 11	⑨ 14 − 1	⑩ 12 − 9
⑪ 14 − 14	⑫ 12 − 1	⑬ 13 − 12	⑭ 13 − 4	⑮ 11 − 5
⑯ 12 − 5	⑰ 11 − 0	⑱ 12 − 10	⑲ 11 − 6	⑳ 14 − 3
(21) 15 − 0	(22) 11 − 9	(23) 13 − 5	(24) 14 − 7	(25) 14 − 11
(26) 14 − 2	(27) 13 − 8	(28) 15 − 2	(29) 13 − 10	(30) 14 − 10
(31) 12 − 7	(32) 15 − 15	(33) 11 − 4	(34) 15 − 11	(35) 14 − 5
(36) 14 − 13	(37) 11 − 8	(38) 11 − 10	(39) 11 − 1	(40) 15 − 7

38

Subtract from 11-15

Time: ________

Score: _____/ 40

(1) 13 − 1	(2) 15 − 3	(3) 11 − 1	(4) 14 − 2	(5) 13 − 10
(6) 13 − 12	(7) 14 − 3	(8) 15 − 13	(9) 12 − 0	(10) 15 − 10
(11) 15 − 1	(12) 12 − 3	(13) 12 − 11	(14) 14 − 0	(15) 11 − 11
(16) 13 − 8	(17) 15 − 5	(18) 15 − 6	(19) 11 − 10	(20) 11 − 9
(21) 13 − 4	(22) 14 − 9	(23) 13 − 5	(24) 13 − 9	(25) 14 − 8
(26) 15 − 0	(27) 15 − 8	(28) 12 − 5	(29) 12 − 10	(30) 14 − 13
(31) 14 − 12	(32) 13 − 0	(33) 11 − 2	(34) 13 − 3	(35) 14 − 6
(36) 12 − 12	(37) 15 − 15	(38) 11 − 5	(39) 12 − 7	(40) 15 − 4

39

Subtract from 0-15

Time: __________

Score: _____/ 40

① 5 − 0	② 14 − 14	③ 11 − 4	④ 4 − 0	⑤ 14 − 13
⑥ 7 − 2	⑦ 6 − 2	⑧ 8 − 2	⑨ 11 − 11	⑩ 4 − 1
⑪ 15 − 15	⑫ 13 − 2	⑬ 8 − 7	⑭ 15 − 13	⑮ 9 − 0
⑯ 13 − 0	⑰ 8 − 8	⑱ 7 − 4	⑲ 3 − 0	⑳ 3 − 3
(21) 11 − 10	(22) 0 − 0	(23) 5 − 5	(24) 10 − 4	(25) 13 − 9
(26) 2 − 0	(27) 15 − 2	(28) 10 − 5	(29) 15 − 8	(30) 15 − 5
(31) 12 − 10	(32) 10 − 2	(33) 15 − 11	(34) 7 − 1	(35) 10 − 1
(36) 6 − 4	(37) 6 − 6	(38) 14 − 11	(39) 12 − 2	(40) 6 − 0

40

Subtract from 0-15

Time: ________

Score: _____/ 40

(1) 14 − 9	(2) 14 − 1	(3) 10 − 0	(4) 5 − 3	(5) 9 − 9
(6) 15 − 10	(7) 12 − 9	(8) 2 − 2	(9) 11 − 5	(10) 12 − 8
(11) 14 − 6	(12) 8 − 6	(13) 14 − 12	(14) 13 − 1	(15) 3 − 2
(16) 1 − 0	(17) 7 − 0	(18) 12 − 12	(19) 14 − 10	(20) 9 − 4
(21) 14 − 2	(22) 14 − 3	(23) 9 − 5	(24) 13 − 8	(25) 9 − 7
(26) 15 − 3	(27) 6 − 1	(28) 8 − 1	(29) 9 − 2	(30) 13 − 4
(31) 13 − 11	(32) 12 − 3	(33) 12 − 6	(34) 10 − 8	(35) 15 − 4
(36) 14 − 5	(37) 15 − 12	(38) 7 − 7	(39) 1 − 1	(40) 11 − 6

41

Subtract from 0-15

Time: ________

Score: _____/ 40

1. 8 − 0
2. 14 − 4
3. 7 − 5
4. 8 − 3
5. 10 − 3
6. 12 − 7
7. 13 − 5
8. 8 − 4
9. 4 − 3
10. 10 − 7
11. 11 − 0
12. 13 − 13
13. 12 − 11
14. 13 − 12
15. 13 − 10
16. 9 − 3
17. 4 − 4
18. 5 − 2
19. 11 − 8
20. 11 − 9
21. 15 − 6
22. 14 − 7
23. 10 − 10
24. 2 − 1
25. 10 − 6
26. 4 − 2
27. 12 − 4
28. 11 − 1
29. 6 − 3
30. 9 − 6
31. 5 − 1
32. 13 − 7
33. 12 − 0
34. 12 − 5
35. 15 − 9
36. 7 − 6
37. 14 − 8
38. 13 − 3
39. 5 − 4
40. 11 − 3

42

Subtract from 0-15

Time: ________

Score: _____/ 40

① 11 − 7	② 12 − 1	③ 15 − 14	④ 13 − 6	⑤ 14 − 0
⑥ 3 − 1	⑦ 15 − 1	⑧ 9 − 8	⑨ 8 − 5	⑩ 9 − 1
⑪ 6 − 5	⑫ 10 − 9	⑬ 11 − 2	⑭ 7 − 3	⑮ 15 − 0
⑯ 15 − 7	⑰ 14 − 4	⑱ 12 − 8	⑲ 9 − 8	⑳ 11 − 1
(21) 7 − 5	(22) 13 − 7	(23) 12 − 9	(24) 8 − 6	(25) 14 − 11
(26) 12 − 5	(27) 8 − 1	(28) 13 − 13	(29) 5 − 3	(30) 12 − 6
(31) 8 − 2	(32) 9 − 0	(33) 6 − 1	(34) 5 − 5	(35) 13 − 9
(36) 11 − 7	(37) 15 − 11	(38) 9 − 7	(39) 8 − 5	(40) 11 − 3

43

Subtract from 0-15

Time: ________

Score: _____/ 40

(1) 7 − 0	(2) 11 − 4	(3) 2 − 0	(4) 9 − 4	(5) 15 − 8
(6) 7 − 7	(7) 10 − 2	(8) 14 − 0	(9) 10 − 7	(10) 3 − 3
(11) 11 − 8	(12) 14 − 9	(13) 8 − 3	(14) 15 − 5	(15) 8 − 7
(16) 12 − 12	(17) 5 − 0	(18) 2 − 2	(19) 13 − 10	(20) 11 − 9
(21) 13 − 8	(22) 6 − 5	(23) 7 − 3	(24) 11 − 2	(25) 3 − 1
(26) 13 − 1	(27) 9 − 5	(28) 4 − 0	(29) 9 − 6	(30) 7 − 6
(31) 10 − 5	(32) 14 − 7	(33) 13 − 0	(34) 12 − 1	(35) 7 − 1
(36) 3 − 2	(37) 8 − 4	(38) 15 − 7	(39) 10 − 1	(40) 14 − 1

44

Subtract from 0-15

Time: ________

Score: _____/ 40

(1) 8 − 8	(2) 10 − 4	(3) 15 − 14	(4) 15 − 10	(5) 10 − 10
(6) 6 − 0	(7) 13 − 3	(8) 14 − 13	(9) 9 − 1	(10) 15 − 12
(11) 8 − 0	(12) 1 − 0	(13) 11 − 0	(14) 13 − 6	(15) 10 − 3
(16) 4 − 4	(17) 12 − 0	(18) 15 − 3	(19) 11 − 6	(20) 3 − 0
(21) 12 − 3	(22) 5 − 4	(23) 14 − 2	(24) 12 − 2	(25) 11 − 10
(26) 15 − 15	(27) 15 − 0	(28) 2 − 1	(29) 12 − 11	(30) 15 − 1
(31) 6 − 4	(32) 13 − 5	(33) 14 − 14	(34) 9 − 2	(35) 15 − 6
(36) 14 − 10	(37) 15 − 4	(38) 15 − 9	(39) 1 − 1	(40) 13 − 2

45

Subtract from 0-15

Time: ________

Score: _____/ 40

(1) 14 − 12	(2) 6 − 3	(3) 7 − 2	(4) 10 − 9	(5) 10 − 8
(6) 11 − 11	(7) 9 − 3	(8) 11 − 5	(9) 4 − 3	(10) 12 − 7
(11) 12 − 4	(12) 4 − 2	(13) 7 − 4	(14) 14 − 8	(15) 14 − 6
(16) 13 − 12	(17) 10 − 0	(18) 15 − 2	(19) 6 − 2	(20) 15 − 13
(21) 14 − 3	(22) 5 − 1	(23) 4 − 1	(24) 12 − 10	(25) 0 − 0
(26) 9 − 9	(27) 6 − 6	(28) 13 − 11	(29) 13 − 4	(30) 10 − 6
(31) 14 − 5	(32) 5 − 2	(33) 8 − 5	(34) 5 − 1	(35) 11 − 6
(36) 4 − 0	(37) 15 − 12	(38) 13 − 4	(39) 9 − 0	(40) 13 − 5

46

Subtract from 0-15

Time: ________

Score: _____/ 40

(1) 12 − 8	(2) 11 − 3	(3) 6 − 2	(4) 10 − 1	(5) 14 − 11
(6) 13 − 13	(7) 6 − 0	(8) 13 − 2	(9) 11 − 8	(10) 9 − 4
(11) 14 − 8	(12) 12 − 0	(13) 5 − 3	(14) 8 − 4	(15) 10 − 6
(16) 10 − 10	(17) 8 − 1	(18) 13 − 10	(19) 6 − 5	(20) 15 − 8
(21) 12 − 3	(22) 11 − 4	(23) 6 − 4	(24) 6 − 6	(25) 7 − 2
(26) 7 − 0	(27) 11 − 1	(28) 13 − 0	(29) 12 − 10	(30) 2 − 0
(31) 8 − 8	(32) 5 − 0	(33) 14 − 3	(34) 8 − 3	(35) 13 − 12
(36) 4 − 4	(37) 12 − 2	(38) 15 − 1	(39) 8 − 0	(40) 4 − 2

47

Subtract from 0-15

Time: ________

Score: _____/ 40

(1) 12 − 12	(2) 14 − 5	(3) 12 − 6	(4) 14 − 1	(5) 12 − 7
(6) 9 − 7	(7) 11 − 11	(8) 0 − 0	(9) 12 − 1	(10) 3 − 3
(11) 12 − 9	(12) 3 − 1	(13) 1 − 1	(14) 11 − 0	(15) 11 − 10
(16) 15 − 6	(17) 1 − 0	(18) 8 − 7	(19) 9 − 8	(20) 2 − 2
(21) 15 − 7	(22) 15 − 3	(23) 10 − 9	(24) 13 − 1	(25) 15 − 5
(26) 14 − 13	(27) 9 − 1	(28) 13 − 6	(29) 6 − 3	(30) 15 − 14
(31) 15 − 2	(32) 9 − 2	(33) 4 − 3	(34) 12 − 4	(35) 14 − 9
(36) 9 − 9	(37) 14 − 7	(38) 12 − 5	(39) 14 − 0	(40) 7 − 1

48

Subtract from 0-15

Time: __________

Score: _____/ 40

(1) $10 - 5$	(2) $13 - 8$	(3) $7 - 5$	(4) $14 - 14$	(5) $7 - 3$
(6) $10 - 4$	(7) $15 - 15$	(8) $14 - 6$	(9) $14 - 2$	(10) $9 - 3$
(11) $15 - 13$	(12) $7 - 4$	(13) $6 - 1$	(14) $2 - 1$	(15) $10 - 8$
(16) $7 - 7$	(17) $3 - 2$	(18) $8 - 2$	(19) $9 - 5$	(20) $5 - 4$
(21) $10 - 3$	(22) $14 - 12$	(23) $15 - 4$	(24) $4 - 1$	(25) $5 - 5$
(26) $11 - 2$	(27) $12 - 11$	(28) $15 - 9$	(29) $10 - 7$	(30) $14 - 10$
(31) $15 - 0$	(32) $11 - 9$	(33) $11 - 7$	(34) $14 - 4$	(35) $7 - 6$
(36) $13 - 11$	(37) $15 - 10$	(38) $8 - 6$	(39) $3 - 0$	(40) $9 - 6$

49

Subtract from 0-15

Time: __________

Score: _____/ 40

(1) 13 − 3	(2) 11 − 5	(3) 10 − 2	(4) 13 − 7	(5) 5 − 2
(6) 10 − 0	(7) 13 − 9	(8) 15 − 11	(9) 15 − 4	(10) 10 − 11
(11) 4 − 9	(12) 9 − 4	(13) 15 − 9	(14) 12 − 15	(15) 11 − 11
(16) 12 − 11	(17) 3 − 3	(18) 15 − 3	(19) 14 − 0	(20) 0 − 4
(21) 14 − 0	(22) 14 − 5	(23) 11 − 2	(24) 8 − 6	(25) 12 − 7
(26) 14 − 7	(27) 5 − 14	(28) 12 − 0	(29) 5 − 8	(30) 13 − 2
(31) 12 − 13	(32) 9 − 0	(33) 13 − 4	(34) 11 − 6	(35) 2 − 4
(36) 12 − 0	(37) 13 − 10	(38) 15 − 7	(39) 15 − 13	(40) 9 − 7

50

Subtract from 0-15

Time: ________

Score: _____/ 40

(1) 6 − 0	(2) 8 − 3	(3) 7 − 3	(4) 10 − 0	(5) 1 − 10
(6) 9 − 1	(7) 6 − 6	(8) 10 − 2	(9) 13 − 8	(10) 3 − 0
(11) 13 − 0	(12) 11 − 3	(13) 11 − 3	(14) 14 − 1	(15) 4 − 11
(16) 13 − 0	(17) 10 − 2	(18) 13 − 4	(19) 13 − 8	(20) 15 − 11
(21) 10 − 2	(22) 12 − 7	(23) 12 − 6	(24) 9 − 1	(25) 11 − 1
(26) 13 − 5	(27) 12 − 1	(28) 14 − 9	(29) 8 − 1	(30) 10 − 8
(31) 12 − 2	(32) 7 − 4	(33) 15 − 5	(34) 1 − 8	(35) 8 − 0
(36) 7 − 0	(37) 8 − 1	(38) 15 − 4	(39) 10 − 6	(40) 12 − 3

51

Subtract from 0-15

Time: __________

Score: _____/ 40

(1) 14 − 5	(2) 11 − 3	(3) 11 − 9	(4) 9 − 7	(5) 14 − 7
(6) 7 − 10	(7) 9 − 3	(8) 14 − 2	(9) 7 − 0	(10) 6 − 6
(11) 15 − 4	(12) 7 − 10	(13) 14 − 4	(14) 2 − 9	(15) 15 − 1
(16) 14 − 1	(17) 4 − 13	(18) 11 − 1	(19) 10 − 8	(20) 15 − 0
(21) 10 − 12	(22) 13 − 6	(23) 14 − 4	(24) 9 − 12	(25) 7 − 8
(26) 5 − 7	(27) 15 − 4	(28) 5 − 14	(29) 5 − 1	(30) 12 − 5
(31) 10 − 2	(32) 4 − 5	(33) 9 − 3	(34) 6 − 3	(35) 4 − 6
(36) 6 − 2	(37) 3 − 5	(38) 13 − 1	(39) 12 − 12	(40) 13 − 12

52

Subtract from 0-15

Time: ________

Score: _____/ 40

① 8 − 5	② 11 − 5	③ 5 − 10	④ 7 − 3	⑤ 15 − 2
⑥ 10 − 9	⑦ 8 − 1	⑧ 3 − 1	⑨ 11 − 2	⑩ 15 − 2
⑪ 8 − 5	⑫ 14 − 2	⑬ 6 − 6	⑭ 2 − 1	⑮ 13 − 2
⑯ 14 − 10	⑰ 11 − 8	⑱ 15 − 0	⑲ 14 − 3	⑳ 9 − 7
(21) 8 − 5	(22) 6 − 6	(23) 13 − 0	(24) 15 − 9	(25) 11 − 5
(26) 13 − 1	(27) 14 − 0	(28) 8 − 3	(29) 13 − 2	(30) 0 − 4
(31) 12 − 13	(32) 7 − 10	(33) 12 − 3	(34) 15 − 11	(35) 12 − 0
(36) 13 − 0	(37) 10 − 8	(38) 11 − 2	(39) 9 − 12	(40) 9 − 7

53

Subtract from 16-20

Time: __________

Score: _____/ 40

(1) 16 − 3	(2) 18 − 7	(3) 19 − 5	(4) 16 − 10	(5) 19 − 10
(6) 19 − 16	(7) 19 − 13	(8) 19 − 6	(9) 17 − 8	(10) 20 − 16
(11) 16 − 15	(12) 16 − 4	(13) 18 − 5	(14) 18 − 6	(15) 16 − 1
(16) 20 − 7	(17) 18 − 14	(18) 19 − 9	(19) 17 − 5	(20) 18 − 2
(21) 18 − 8	(22) 19 − 12	(23) 18 − 10	(24) 16 − 5	(25) 20 − 14
(26) 16 − 11	(27) 17 − 12	(28) 20 − 8	(29) 17 − 3	(30) 17 − 2
(31) 17 − 14	(32) 18 − 11	(33) 19 − 4	(34) 17 − 6	(35) 16 − 13
(36) 18 − 9	(37) 20 − 1	(38) 20 − 13	(39) 20 − 3	(40) 17 − 0

54

Subtract from 16-20

Time: ________

Score: _____/ 40

(1) 17 − 4	(2) 16 − 12	(3) 18 − 12	(4) 16 − 14	(5) 19 − 11
(6) 20 − 9	(7) 19 − 2	(8) 20 − 4	(9) 17 − 7	(10) 18 − 4
(11) 17 − 16	(12) 20 − 11	(13) 17 − 13	(14) 18 − 1	(15) 16 − 16
(16) 20 − 12	(17) 19 − 1	(18) 19 − 14	(19) 16 − 2	(20) 19 − 3
(21) 17 − 1	(22) 17 − 10	(23) 19 − 15	(24) 16 − 8	(25) 16 − 0
(26) 16 − 7	(27) 20 − 0	(28) 19 − 8	(29) 18 − 13	(30) 17 − 9
(31) 17 − 15	(32) 20 − 5	(33) 19 − 7	(34) 18 − 16	(35) 20 − 2
(36) 16 − 9	(37) 17 − 11	(38) 20 − 15	(39) 16 − 6	(40) 19 − 0

55

Subtract from 16-20

Time: __________

Score: _____/ 40

(1) 18 − 0	(2) 20 − 6	(3) 20 − 10	(4) 18 − 15	(5) 18 − 3
(6) 19 − 11	(7) 18 − 8	(8) 16 − 4	(9) 20 − 16	(10) 18 − 15
(11) 16 − 11	(12) 17 − 0	(13) 16 − 1	(14) 18 − 2	(15) 16 − 6
(16) 20 − 12	(17) 20 − 1	(18) 17 − 13	(19) 18 − 12	(20) 20 − 15
(21) 20 − 5	(22) 19 − 15	(23) 17 − 16	(24) 17 − 8	(25) 20 − 10
(26) 18 − 7	(27) 19 − 9	(28) 17 − 7	(29) 18 − 9	(30) 17 − 5
(31) 19 − 7	(32) 17 − 12	(33) 16 − 3	(34) 20 − 14	(35) 17 − 9
(36) 19 − 3	(37) 19 − 5	(38) 16 − 5	(39) 16 − 13	(40) 16 − 8

56

Subtract from 16-20

Time: ________

Score: _____/ 40

(1) 17 − 14 = ___	(2) 19 − 6 = ___	(3) 16 − 2 = ___	(4) 19 − 4 = ___	(5) 18 − 4 = ___
(6) 19 − 8 = ___	(7) 20 − 9 = ___	(8) 16 − 9 = ___	(9) 17 − 6 = ___	(10) 20 − 11 = ___
(11) 19 − 12 = ___	(12) 17 − 1 = ___	(13) 18 − 14 = ___	(14) 19 − 0 = ___	(15) 18 − 6 = ___
(16) 17 − 15 = ___	(17) 16 − 7 = ___	(18) 20 − 0 = ___	(19) 16 − 0 = ___	(20) 18 − 1 = ___
(21) 16 − 10 = ___	(22) 19 − 1 = ___	(23) 20 − 2 = ___	(24) 18 − 5 = ___	(25) 18 − 11 = ___
(26) 19 − 14 = ___	(27) 19 − 16 = ___	(28) 18 − 16 = ___	(29) 16 − 12 = ___	(30) 16 − 15 = ___
(31) 16 − 16 = ___	(32) 16 − 14 = ___	(33) 20 − 6 = ___	(34) 20 − 8 = ___	(35) 17 − 2 = ___
(36) 20 − 7 = ___	(37) 18 − 10 = ___	(38) 19 − 10 = ___	(39) 17 − 11 = ___	(40) 20 − 3 = ___

57

Subtract from 16-20

Time: ______

Score: _____/ 40

(1) 17 − 3	(2) 18 − 0	(3) 17 − 10	(4) 20 − 4	(5) 19 − 13
(6) 17 − 4	(7) 20 − 13	(8) 18 − 13	(9) 19 − 2	(10) 18 − 3
(11) 18 − 8	(12) 20 − 6	(13) 17 − 9	(14) 16 − 5	(15) 18 − 2
(16) 18 − 13	(17) 16 − 4	(18) 20 − 13	(19) 17 − 8	(20) 18 − 15
(21) 20 − 8	(22) 17 − 12	(23) 20 − 5	(24) 18 − 14	(25) 16 − 2
(26) 19 − 16	(27) 16 − 7	(28) 17 − 10	(29) 18 − 11	(30) 17 − 0
(31) 16 − 10	(32) 19 − 11	(33) 17 − 14	(34) 20 − 16	(35) 20 − 7
(36) 19 − 13	(37) 20 − 4	(38) 19 − 0	(39) 16 − 6	(40) 16 − 3

58

Subtract from 16-20

Time: __________

Score: _____/ 40

(1) 20 − 12	(2) 17 − 11	(3) 16 − 16	(4) 16 − 13	(5) 16 − 0
(6) 18 − 9	(7) 19 − 6	(8) 17 − 3	(9) 18 − 1	(10) 17 − 6
(11) 20 − 2	(12) 19 − 10	(13) 20 − 10	(14) 17 − 7	(15) 18 − 3
(16) 18 − 7	(17) 16 − 8	(18) 19 − 8	(19) 19 − 14	(20) 17 − 16
(21) 19 − 3	(22) 20 − 15	(23) 19 − 1	(24) 19 − 5	(25) 19 − 2
(26) 16 − 11	(27) 17 − 4	(28) 19 − 15	(29) 19 − 12	(30) 18 − 4
(31) 17 − 2	(32) 16 − 15	(33) 19 − 7	(34) 20 − 0	(35) 17 − 5
(36) 19 − 9	(37) 19 − 4	(38) 18 − 12	(39) 20 − 3	(40) 20 − 1

59

Subtract from 16-20

Time: ________

Score: _____/ 40

① 18 − 5	② 20 − 9	③ 17 − 15	④ 17 − 1	⑤ 20 − 14
⑥ 18 − 10	⑦ 17 − 13	⑧ 18 − 6	⑨ 20 − 11	⑩ 16 − 12
⑪ 16 − 1	⑫ 18 − 0	⑬ 16 − 9	⑭ 16 − 14	⑮ 18 − 16
⑯ 20 − 4	⑰ 17 − 11	⑱ 19 − 15	⑲ 16 − 11	⑳ 19 − 11
(21) 19 − 12	(22) 20 − 3	(23) 18 − 5	(24) 17 − 0	(25) 20 − 0
(26) 17 − 7	(27) 20 − 8	(28) 16 − 9	(29) 20 − 12	(30) 16 − 8
(31) 16 − 2	(32) 17 − 14	(33) 18 − 13	(34) 18 − 16	(35) 16 − 14
(36) 16 − 10	(37) 20 − 13	(38) 17 − 1	(39) 16 − 4	(40) 18 − 4

60
Subtract from 16-20

Time: __________

Score: _____/ 40

① 18 − 2	② 16 − 16	③ 19 − 4	④ 17 − 3	⑤ 20 − 5
⑥ 19 − 8	⑦ 16 − 1	⑧ 17 − 8	⑨ 17 − 12	⑩ 20 − 11
⑪ 17 − 15	⑫ 19 − 14	⑬ 19 − 0	⑭ 18 − 15	⑮ 16 − 13
⑯ 18 − 12	⑰ 20 − 14	⑱ 17 − 10	⑲ 18 − 8	⑳ 20 − 2
(21) 16 − 5	(22) 17 − 4	(23) 19 − 6	(24) 18 − 7	(25) 16 − 6
(26) 20 − 10	(27) 16 − 15	(28) 17 − 16	(29) 18 − 11	(30) 18 − 3
(31) 17 − 5	(32) 19 − 9	(33) 16 − 3	(34) 19 − 7	(35) 19 − 5
(36) 16 − 7	(37) 19 − 1	(38) 17 − 13	(39) 18 − 10	(40) 18 − 14

61

Subtract from 11-20

Time: ________

Score: _____/ 40

(1) 14 − 1	(2) 16 − 7	(3) 19 − 4	(4) 16 − 14	(5) 20 − 11
(6) 18 − 11	(7) 17 − 11	(8) 15 − 7	(9) 20 − 14	(10) 18 − 1
(11) 20 − 20	(12) 13 − 3	(13) 14 − 14	(14) 17 − 7	(15) 12 − 8
(16) 20 − 4	(17) 17 − 17	(18) 11 − 4	(19) 12 − 2	(20) 15 − 14
(21) 13 − 9	(22) 12 − 11	(23) 16 − 12	(24) 12 − 0	(25) 11 − 5
(26) 20 − 12	(27) 16 − 9	(28) 20 − 13	(29) 20 − 2	(30) 14 − 2
(31) 17 − 1	(32) 18 − 6	(33) 18 − 2	(34) 18 − 8	(35) 14 − 7
(36) 16 − 16	(37) 11 − 0	(38) 11 − 6	(39) 20 − 18	(40) 16 − 5

62

Subtract from 11-20

Time: __________

Score: _____/ 40

(1) 19 − 14	(2) 16 − 1	(3) 16 − 13	(4) 15 − 6	(5) 11 − 7
(6) 18 − 12	(7) 11 − 3	(8) 17 − 10	(9) 15 − 13	(10) 20 − 16
(11) 20 − 8	(12) 13 − 7	(13) 18 − 0	(14) 16 − 3	(15) 12 − 5
(16) 19 − 6	(17) 13 − 8	(18) 15 − 5	(19) 18 − 17	(20) 19 − 18
(21) 20 − 15	(22) 18 − 4	(23) 15 − 10	(24) 16 − 4	(25) 13 − 5
(26) 14 − 6	(27) 19 − 8	(28) 11 − 1	(29) 19 − 5	(30) 19 − 19
(31) 16 − 0	(32) 15 − 15	(33) 20 − 10	(34) 16 − 2	(35) 19 − 2
(36) 17 − 4	(37) 17 − 5	(38) 20 − 17	(39) 11 − 9	(40) 18 − 15

63
Subtract from 11-20

Time: __________

Score: _____/ 40

① 17 − 9	② 15 − 4	③ 12 − 1	④ 15 − 8	⑤ 17 − 16
⑥ 12 − 6	⑦ 15 − 0	⑧ 18 − 7	⑨ 19 − 16	⑩ 17 − 13
⑪ 16 − 15	⑫ 20 − 5	⑬ 20 − 3	⑭ 13 − 0	⑮ 17 − 6
⑯ 12 − 7	⑰ 20 − 0	⑱ 20 − 7	⑲ 18 − 3	⑳ 13 − 1
(21) 14 − 10	(22) 14 − 4	(23) 13 − 2	(24) 19 − 0	(25) 12 − 10
(26) 17 − 12	(27) 16 − 11	(28) 14 − 12	(29) 14 − 9	(30) 19 − 13
(31) 16 − 10	(32) 17 − 15	(33) 15 − 3	(34) 13 − 6	(35) 18 − 14
(36) 15 − 9	(37) 18 − 13	(38) 16 − 6	(39) 18 − 10	(40) 14 − 3

64
Subtract from 11-20

Time: ________

Score: _____/ 40

1. 15 − 12 = ___	2. 19 − 10 = ___	3. 18 − 18 = ___	4. 11 − 8 = ___	5. 19 − 11 = ___
6. 13 − 4 = ___	7. 16 − 8 = ___	8. 19 − 1 = ___	9. 20 − 19 = ___	10. 18 − 5 = ___
11. 13 − 10 = ___	12. 14 − 0 = ___	13. 19 − 12 = ___	14. 17 − 3 = ___	15. 17 − 2 = ___
16. 15 − 2 = ___	17. 14 − 13 = ___	18. 13 − 12 = ___	19. 14 − 8 = ___	20. 20 − 6 = ___
21. 14 − 5 = ___	22. 13 − 11 = ___	23. 12 − 3 = ___	24. 19 − 3 = ___	25. 17 − 14 = ___
26. 15 − 11 = ___	27. 11 − 10 = ___	28. 20 − 1 = ___	29. 15 − 1 = ___	30. 19 − 17 = ___
31. 11 − 11 = ___	32. 20 − 9 = ___	33. 12 − 12 = ___	34. 11 − 2 = ___	35. 19 − 7 = ___
36. 19 − 15 = ___	37. 18 − 9 = ___	38. 19 − 9 = ___	39. 13 − 13 = ___	40. 12 − 4 = ___

65

Subtract from 11-20

Time: ________

Score: _____/ 40

(1) 17 − 8	(2) 12 − 9	(3) 17 − 0	(4) 18 − 16	(5) 14 − 11
(6) 12 − 6	(7) 11 − 7	(8) 18 − 6	(9) 18 − 18	(10) 17 − 1
(11) 16 − 0	(12) 19 − 1	(13) 20 − 3	(14) 19 − 5	(15) 18 − 8
(16) 20 − 9	(17) 12 − 10	(18) 15 − 11	(19) 16 − 8	(20) 18 − 0
(21) 18 − 7	(22) 13 − 11	(23) 13 − 6	(24) 16 − 13	(25) 16 − 10
(26) 16 − 7	(27) 11 − 11	(28) 20 − 7	(29) 14 − 3	(30) 11 − 9
(31) 16 − 2	(32) 20 − 1	(33) 14 − 9	(34) 16 − 4	(35) 19 − 3
(36) 14 − 10	(37) 19 − 12	(38) 17 − 0	(39) 18 − 4	(40) 14 − 0

66

Subtract from 11-20

Time: ________

Score: _____/ 40

① 18 − 3	② 19 − 6	③ 15 − 12	④ 17 − 9	⑤ 17 − 17
⑥ 11 − 8	⑦ 15 − 5	⑧ 14 − 8	⑨ 18 − 14	⑩ 19 − 18
⑪ 20 − 18	⑫ 13 − 2	⑬ 17 − 6	⑭ 13 − 13	⑮ 15 − 4
⑯ 15 − 9	⑰ 19 − 11	⑱ 19 − 10	⑲ 16 − 15	⑳ 11 − 4
(21) 20 − 5	(22) 17 − 10	(23) 20 − 15	(24) 12 − 0	(25) 18 − 13
(26) 20 − 20	(27) 17 − 14	(28) 20 − 6	(29) 11 − 2	(30) 18 − 16
(31) 11 − 1	(32) 17 − 4	(33) 12 − 12	(34) 19 − 13	(35) 12 − 9
(36) 13 − 3	(37) 18 − 5	(38) 16 − 12	(39) 13 − 12	(40) 17 − 5

67

Subtract from 11-20

Time: ________

Score: _____/ 40

(1) 19 − 0	(2) 14 − 2	(3) 16 − 14	(4) 11 − 5	(5) 16 − 3
(6) 14 − 12	(7) 13 − 1	(8) 12 − 3	(9) 19 − 16	(10) 13 − 10
(11) 11 − 0	(12) 17 − 15	(13) 12 − 11	(14) 16 − 16	(15) 11 − 3
(16) 13 − 9	(17) 14 − 7	(18) 20 − 8	(19) 12 − 1	(20) 19 − 15
(21) 14 − 5	(22) 13 − 0	(23) 16 − 9	(24) 19 − 14	(25) 18 − 9
(26) 20 − 11	(27) 15 − 1	(28) 15 − 7	(29) 15 − 2	(30) 14 − 11
(31) 18 − 2	(32) 15 − 10	(33) 20 − 19	(34) 17 − 12	(35) 20 − 13
(36) 17 − 13	(37) 17 − 11	(38) 12 − 2	(39) 20 − 14	(40) 18 − 10

68
Subtract from 11-20

Time: ________

Score: _____/ 40

(1) 20 − 0	(2) 17 − 7	(3) 12 − 7	(4) 12 − 5	(5) 14 − 1
(6) 14 − 14	(7) 16 − 6	(8) 12 − 4	(9) 15 − 0	(10) 13 − 7
(11) 17 − 2	(12) 16 − 1	(13) 20 − 16	(14) 20 − 4	(15) 15 − 3
(16) 18 − 12	(17) 17 − 16	(18) 18 − 17	(19) 14 − 13	(20) 15 − 8
(21) 18 − 15	(22) 15 − 14	(23) 18 − 11	(24) 19 − 7	(25) 20 − 2
(26) 19 − 4	(27) 11 − 10	(28) 13 − 5	(29) 20 − 12	(30) 19 − 2
(31) 13 − 4	(32) 19 − 8	(33) 20 − 10	(34) 13 − 8	(35) 20 − 17
(36) 15 − 6	(37) 12 − 8	(38) 15 − 13	(39) 17 − 8	(40) 18 − 1

69
Subtract from 11-20

Time: __________

Score: _____/ 40

① 17 − 3	② 16 − 11	③ 16 − 5	④ 15 − 15	⑤ 19 − 17
⑥ 14 − 6	⑦ 14 − 4	⑧ 11 − 6	⑨ 19 − 9	⑩ 19 − 19
⑪ 17 − 16	⑫ 18 − 18	⑬ 18 − 12	⑭ 16 − 15	⑮ 19 − 18
⑯ 17 − 15	⑰ 11 − 6	⑱ 20 − 6	⑲ 13 − 13	⑳ 12 − 11
(21) 16 − 13	(22) 20 − 3	(23) 13 − 0	(24) 18 − 3	(25) 13 − 7
(26) 19 − 0	(27) 18 − 5	(28) 13 − 9	(29) 12 − 5	(30) 20 − 4
(31) 14 − 7	(32) 15 − 12	(33) 12 − 10	(34) 15 − 4	(35) 20 − 10
(36) 18 − 13	(37) 15 − 0	(38) 18 − 7	(39) 18 − 14	(40) 15 − 7

70

Subtract from 11-20

Time: ________

Score: _____/ 40

① 17 − 11	② 15 − 2	③ 14 − 9	④ 16 − 8	⑤ 16 − 7
⑥ 18 − 6	⑦ 13 − 10	⑧ 17 − 5	⑨ 14 − 11	⑩ 17 − 3
⑪ 19 − 3	⑫ 12 − 2	⑬ 20 − 7	⑭ 12 − 12	⑮ 18 − 0
⑯ 15 − 15	⑰ 12 − 3	⑱ 19 − 19	⑲ 20 − 15	⑳ 15 − 13
(21) 19 − 6	(22) 19 − 15	(23) 17 − 1	(24) 14 − 8	(25) 17 − 7
(26) 16 − 3	(27) 14 − 10	(28) 19 − 9	(29) 16 − 4	(30) 16 − 0
(31) 19 − 12	(32) 14 − 4	(33) 20 − 18	(34) 17 − 17	(35) 11 − 10
(36) 18 − 4	(37) 16 − 14	(38) 11 − 0	(39) 15 − 11	(40) 18 − 1

71

Subtract from 11-20

Time: ____________

Score: ______/ 40

(1) 15 − 14	(2) 13 − 3	(3) 19 − 2	(4) 19 − 11	(5) 16 − 2
(6) 11 − 11	(7) 17 − 9	(8) 20 − 12	(9) 17 − 14	(10) 17 − 4
(11) 20 − 19	(12) 11 − 3	(13) 18 − 11	(14) 15 − 1	(15) 12 − 7
(16) 11 − 1	(17) 15 − 10	(18) 19 − 13	(19) 14 − 2	(20) 17 − 13
(21) 19 − 4	(22) 13 − 1	(23) 18 − 9	(24) 14 − 12	(25) 17 − 0
(26) 14 − 5	(27) 11 − 4	(28) 20 − 17	(29) 19 − 1	(30) 14 − 0
(31) 13 − 5	(32) 14 − 14	(33) 16 − 16	(34) 11 − 7	(35) 16 − 1
(36) 16 − 5	(37) 11 − 5	(38) 12 − 8	(39) 20 − 1	(40) 16 − 9

72

Subtract from 11-20

Time: ________

Score: _____/ 40

(1) 11 − 2	(2) 12 − 1	(3) 15 − 3	(4) 17 − 2	(5) 13 − 12
(6) 18 − 2	(7) 19 − 14	(8) 17 − 10	(9) 16 − 12	(10) 19 − 10
(11) 18 − 17	(12) 14 − 6	(13) 13 − 11	(14) 16 − 6	(15) 15 − 9
(16) 18 − 10	(17) 20 − 13	(18) 12 − 6	(19) 11 − 8	(20) 19 − 16
(21) 20 − 9	(22) 14 − 3	(23) 13 − 8	(24) 18 − 8	(25) 17 − 6
(26) 16 − 11	(27) 19 − 5	(28) 19 − 17	(29) 20 − 20	(30) 11 − 9
(31) 20 − 16	(32) 18 − 15	(33) 20 − 2	(34) 20 − 14	(35) 14 − 1
(36) 19 − 7	(37) 13 − 6	(38) 14 − 13	(39) 20 − 11	(40) 15 − 5

73

Subtract from 11-20

Time: __________

Score: _____/ 40

(1) 18 − 16	(2) 15 − 6	(3) 15 − 8	(4) 19 − 8	(5) 12 − 0
(6) 20 − 8	(7) 13 − 4	(8) 17 − 12	(9) 16 − 10	(10) 13 − 2
(11) 17 − 8	(12) 12 − 4	(13) 20 − 0	(14) 12 − 9	(15) 20 − 5
(16) 19 − 6	(17) 20 − 0	(18) 20 − 10	(19) 18 − 4	(20) 12 − 12
(21) 20 − 12	(22) 20 − 5	(23) 14 − 3	(24) 11 − 11	(25) 16 − 4
(26) 16 − 1	(27) 14 − 14	(28) 18 − 12	(29) 12 − 4	(30) 11 − 0
(31) 13 − 3	(32) 17 − 5	(33) 20 − 11	(34) 18 − 6	(35) 20 − 3
(36) 20 − 7	(37) 14 − 13	(38) 13 − 0	(39) 16 − 0	(40) 18 − 14

74
Subtract from 11-20

Time: ________

Score: _____/ 40

① 19 − 10	② 15 − 14	③ 18 − 7	④ 19 − 14	⑤ 20 − 16
⑥ 16 − 11	⑦ 12 − 1	⑧ 11 − 2	⑨ 19 − 19	⑩ 18 − 18
⑪ 19 − 4	⑫ 19 − 1	⑬ 12 − 7	⑭ 19 − 7	⑮ 12 − 5
⑯ 15 − 11	⑰ 11 − 10	⑱ 17 − 13	⑲ 19 − 16	⑳ 12 − 10
(21) 16 − 3	(22) 12 − 3	(23) 18 − 5	(24) 17 − 15	(25) 12 − 0
(26) 18 − 16	(27) 18 − 1	(28) 15 − 8	(29) 13 − 13	(30) 14 − 12
(31) 20 − 20	(32) 11 − 3	(33) 17 − 2	(34) 17 − 7	(35) 18 − 0
(36) 17 − 1	(37) 20 − 14	(38) 16 − 12	(39) 15 − 12	(40) 18 − 8

75

Subtract from 0-20

Time: ________

Score: _____/ 40

① 17 − 4	② 14 − 1	③ 17 − 2	④ 16 − 2	⑤ 14 − 9
⑥ 5 − 1	⑦ 9 − 1	⑧ 13 − 3	⑨ 18 − 17	⑩ 16 − 9
⑪ 18 − 9	⑫ 14 − 3	⑬ 9 − 6	⑭ 15 − 6	⑮ 15 − 1
⑯ 20 − 6	⑰ 9 − 5	⑱ 18 − 14	⑲ 16 − 5	⑳ 17 − 13
(21) 7 − 5	(22) 18 − 5	(23) 7 − 3	(24) 15 − 0	(25) 18 − 2
(26) 18 − 10	(27) 19 − 0	(28) 8 − 0	(29) 9 − 3	(30) 19 − 16
(31) 16 − 6	(32) 16 − 3	(33) 11 − 8	(34) 4 − 0	(35) 15 − 12
(36) 19 − 15	(37) 20 − 12	(38) 14 − 10	(39) 17 − 15	(40) 17 − 5

76

Subtract from 0-20

Time: ________

Score: _____/ 40

(1) $9 - 4$	(2) $15 - 4$	(3) $14 - 12$	(4) $17 - 8$	(5) $6 - 4$
(6) $8 - 2$	(7) $10 - 8$	(8) $19 - 3$	(9) $19 - 7$	(10) $13 - 9$
(11) $20 - 20$	(12) $13 - 8$	(13) $16 - 16$	(14) $16 - 1$	(15) $11 - 3$
(16) $15 - 13$	(17) $17 - 3$	(18) $19 - 17$	(19) $5 - 2$	(20) $8 - 8$
(21) $8 - 5$	(22) $10 - 0$	(23) $20 - 14$	(24) $6 - 0$	(25) $12 - 1$
(26) $20 - 7$	(27) $3 - 0$	(28) $10 - 2$	(29) $9 - 0$	(30) $17 - 7$
(31) $4 - 4$	(32) $4 - 1$	(33) $14 - 5$	(34) $11 - 5$	(35) $16 - 7$
(36) $7 - 6$	(37) $12 - 12$	(38) $20 - 13$	(39) $11 - 9$	(40) $12 - 6$

77

Subtract from 0-20

Time: ____________

Score: _____/ 40

① 16 − 13	② 15 − 9	③ 17 − 11	④ 14 − 8	⑤ 11 − 7
⑥ 20 − 4	⑦ 9 − 8	⑧ 20 − 11	⑨ 19 − 4	⑩ 17 − 12
⑪ 19 − 14	⑫ 12 − 3	⑬ 19 − 1	⑭ 10 − 9	⑮ 10 − 3
⑯ 13 − 10	⑰ 4 − 2	⑱ 11 − 1	⑲ 19 − 19	⑳ 2 − 0
(21) 19 − 10	(22) 20 − 17	(23) 12 − 0	(24) 12 − 9	(25) 15 − 14
(26) 11 − 4	(27) 0 − 0	(28) 16 − 12	(29) 14 − 2	(30) 13 − 13
(31) 18 − 1	(32) 15 − 11	(33) 10 − 6	(34) 19 − 6	(35) 9 − 2
(36) 13 − 0	(37) 13 − 11	(38) 6 − 2	(39) 4 − 3	(40) 14 − 14

78

Subtract from 0-20

Time: __________

Score: _____/ 40

(1) 16 − 10	(2) 18 − 18	(3) 17 − 9	(4) 18 − 16	(5) 10 − 7
(6) 15 − 8	(7) 9 − 7	(8) 20 − 3	(9) 12 − 8	(10) 17 − 6
(11) 8 − 3	(12) 15 − 15	(13) 14 − 11	(14) 5 − 5	(15) 20 − 8
(16) 20 − 2	(17) 18 − 11	(18) 16 − 15	(19) 18 − 13	(20) 10 − 10
(21) 10 − 5	(22) 13 − 7	(23) 14 − 13	(24) 17 − 10	(25) 9 − 9
(26) 16 − 4	(27) 11 − 10	(28) 14 − 4	(29) 12 − 2	(30) 20 − 10
(31) 7 − 2	(32) 16 − 14	(33) 20 − 18	(34) 16 − 11	(35) 18 − 3
(36) 10 − 4	(37) 18 − 8	(38) 13 − 12	(39) 18 − 7	(40) 5 − 3

79

Subtract from 0-20

Time: ____________

Score: _____/ 40

(1) 15 − 3	(2) 20 − 0	(3) 1 − 0	(4) 20 − 15	(5) 10 − 1
(6) 2 − 1	(7) 13 − 5	(8) 6 − 5	(9) 14 − 6	(10) 6 − 1
(11) 5 − 4	(12) 20 − 1	(13) 14 − 0	(14) 19 − 18	(15) 8 − 6
(16) 6 − 6	(17) 11 − 0	(18) 19 − 5	(19) 15 − 2	(20) 12 − 10
(21) 18 − 12	(22) 11 − 11	(23) 11 − 6	(24) 8 − 1	(25) 12 − 11
(26) 6 − 3	(27) 11 − 2	(28) 15 − 5	(29) 15 − 7	(30) 17 − 17
(31) 12 − 5	(32) 1 − 1	(33) 14 − 7	(34) 13 − 2	(35) 8 − 4
(36) 7 − 1	(37) 19 − 11	(38) 15 − 10	(39) 19 − 2	(40) 16 − 0

80

Subtract from 0-20

Time: ________

Score: _____/ 40

(1) 3 − 2	(2) 17 − 1	(3) 17 − 0	(4) 17 − 14	(5) 18 − 15
(6) 16 − 8	(7) 7 − 4	(8) 20 − 16	(9) 12 − 7	(10) 20 − 5
(11) 8 − 7	(12) 18 − 0	(13) 3 − 3	(14) 20 − 9	(15) 19 − 13
(16) 19 − 12	(17) 3 − 1	(18) 12 − 4	(19) 2 − 2	(20) 5 − 0
(21) 19 − 9	(22) 13 − 1	(23) 18 − 6	(24) 7 − 7	(25) 17 − 16
(26) 18 − 4	(27) 20 − 19	(28) 13 − 6	(29) 19 − 8	(30) 7 − 0
(31) 13 − 4	(32) 7 − 0	(33) 19 − 3	(34) 14 − 12	(35) 8 − 4
(36) 10 − 5	(37) 2 − 1	(38) 9 − 4	(39) 14 − 8	(40) 17 − 1

81

Subtract from 0-20

Time: ________

Score: _____/ 40

(1) 11 − 5	(2) 18 − 18	(3) 19 − 6	(4) 7 − 4	(5) 16 − 14
(6) 20 − 11	(7) 12 − 0	(8) 3 − 3	(9) 13 − 0	(10) 9 − 0
(11) 14 − 13	(12) 12 − 10	(13) 16 − 9	(14) 7 − 5	(15) 17 − 12
(16) 9 − 8	(17) 12 − 12	(18) 0 − 0	(19) 18 − 7	(20) 20 − 10
(21) 9 − 3	(22) 17 − 0	(23) 18 − 9	(24) 20 − 5	(25) 4 − 2
(26) 12 − 6	(27) 10 − 8	(28) 19 − 13	(29) 14 − 5	(30) 3 − 0
(31) 20 − 6	(32) 8 − 5	(33) 13 − 4	(34) 20 − 18	(35) 17 − 4
(36) 20 − 14	(37) 8 − 1	(38) 7 − 7	(39) 13 − 12	(40) 12 − 9

82

Subtract from 0-20

Time: ________

Score: _____/ 40

(1) 13 − 9	(2) 18 − 10	(3) 19 − 8	(4) 17 − 11	(5) 17 − 10
(6) 17 − 17	(7) 5 − 0	(8) 12 − 11	(9) 20 − 15	(10) 9 − 1
(11) 15 − 14	(12) 11 − 1	(13) 13 − 6	(14) 13 − 2	(15) 10 − 7
(16) 19 − 19	(17) 2 − 0	(18) 1 − 0	(19) 14 − 9	(20) 8 − 8
(21) 13 − 8	(22) 6 − 5	(23) 16 − 2	(24) 13 − 13	(25) 15 − 13
(26) 14 − 10	(27) 19 − 4	(28) 7 − 2	(29) 4 − 0	(30) 5 − 1
(31) 17 − 15	(32) 14 − 7	(33) 13 − 1	(34) 16 − 7	(35) 14 − 11
(36) 20 − 19	(37) 19 − 2	(38) 18 − 4	(39) 5 − 3	(40) 15 − 8

83

Subtract from 0-20

Time: __________

Score: _____/ 40

(1) 18 − 14	(2) 8 − 3	(3) 7 − 3	(4) 16 − 0	(5) 7 − 6
(6) 15 − 3	(7) 8 − 2	(8) 11 − 9	(9) 20 − 0	(10) 19 − 14
(11) 20 − 1	(12) 16 − 16	(13) 13 − 3	(14) 17 − 9	(15) 15 − 10
(16) 16 − 6	(17) 5 − 5	(18) 17 − 8	(19) 3 − 2	(20) 12 − 4
(21) 19 − 15	(22) 10 − 3	(23) 20 − 3	(24) 2 − 2	(25) 15 − 6
(26) 18 − 5	(27) 13 − 7	(28) 8 − 6	(29) 6 − 3	(30) 11 − 7
(31) 12 − 8	(32) 17 − 13	(33) 14 − 6	(34) 18 − 6	(35) 8 − 0
(36) 8 − 7	(37) 15 − 5	(38) 18 − 2	(39) 20 − 2	(40) 16 − 12

84

Subtract from 0-20

Time: ________

Score: _____/ 40

① 15 − 11	② 19 − 9	③ 15 − 0	④ 13 − 11	⑤ 18 − 17
⑥ 19 − 5	⑦ 11 − 6	⑧ 14 − 14	⑨ 15 − 4	⑩ 5 − 4
⑪ 15 − 12	⑫ 17 − 2	⑬ 10 − 10	⑭ 15 − 7	⑮ 20 − 16
⑯ 19 − 12	⑰ 12 − 1	⑱ 14 − 3	⑲ 18 − 0	⑳ 16 − 3
(21) 6 − 4	(22) 20 − 13	(23) 7 − 1	(24) 16 − 15	(25) 14 − 4
(26) 19 − 16	(27) 20 − 9	(28) 15 − 15	(29) 19 − 18	(30) 20 − 17
(31) 17 − 16	(32) 17 − 14	(33) 16 − 4	(34) 11 − 4	(35) 10 − 1
(36) 20 − 8	(37) 10 − 4	(38) 16 − 11	(39) 11 − 2	(40) 10 − 6

85

Subtract from 0-20

Time: ________

Score: _____/ 40

(1) 16 − 1	(2) 9 − 2	(3) 18 − 1	(4) 15 − 1	(5) 15 − 2
(6) 20 − 7	(7) 20 − 4	(8) 6 − 6	(9) 12 − 3	(10) 12 − 7
(11) 15 − 9	(12) 17 − 5	(13) 16 − 13	(14) 11 − 0	(15) 11 − 10
(16) 3 − 1	(17) 18 − 13	(18) 18 − 11	(19) 19 − 10	(20) 10 − 9
(21) 1 − 1	(22) 11 − 11	(23) 20 − 20	(24) 18 − 16	(25) 6 − 2
(26) 18 − 15	(27) 17 − 3	(28) 4 − 1	(29) 18 − 8	(30) 14 − 0
(31) 10 − 0	(32) 19 − 17	(33) 13 − 10	(34) 9 − 6	(35) 9 − 5
(36) 19 − 11	(37) 20 − 12	(38) 16 − 5	(39) 19 − 1	(40) 16 − 10

86

Subtract from 0-20

Time: __________

Score: _____/ 40

① 10 − 2	② 6 − 1	③ 16 − 8	④ 17 − 6	⑤ 9 − 9
⑥ 6 − 0	⑦ 9 − 7	⑧ 4 − 4	⑨ 14 − 2	⑩ 19 − 0
⑪ 13 − 5	⑫ 17 − 7	⑬ 11 − 8	⑭ 12 − 2	⑮ 19 − 7
⑯ 12 − 5	⑰ 14 − 1	⑱ 11 − 3	⑲ 18 − 12	⑳ 18 − 3
(21) 5 − 2	(22) 4 − 3	(23) 12 − 5	(24) 20 − 7	(25) 16 − 12
(26) 18 − 16	(27) 16 − 6	(28) 9 − 7	(29) 20 − 10	(30) 18 − 15
(31) 17 − 17	(32) 7 − 7	(33) 1 − 1	(34) 20 − 8	(35) 14 − 7
(36) 17 − 13	(37) 14 − 6	(38) 3 − 1	(39) 11 − 4	(40) 6 − 3

87

Subtract from 0-20

Time: ________

Score: _____/ 40

(1) 12 − 8	(2) 15 − 10	(3) 11 − 8	(4) 11 − 3	(5) 20 − 11
(6) 14 − 0	(7) 12 − 2	(8) 10 − 8	(9) 18 − 8	(10) 12 − 9
(11) 17 − 2	(12) 9 − 9	(13) 13 − 10	(14) 18 − 7	(15) 5 − 0
(16) 2 − 1	(17) 13 − 13	(18) 4 − 1	(19) 20 − 17	(20) 20 − 12
(21) 11 − 10	(22) 19 − 18	(23) 10 − 0	(24) 10 − 7	(25) 9 − 0
(26) 6 − 2	(27) 9 − 4	(28) 13 − 1	(29) 14 − 4	(30) 7 − 0
(31) 16 − 16	(32) 16 − 4	(33) 18 − 5	(34) 19 − 5	(35) 15 − 11
(36) 10 − 9	(37) 10 − 10	(38) 16 − 2	(39) 15 − 14	(40) 11 − 9

88

Subtract from 0-20

Time: ________

Score: _____/ 40

(1) 6 − 6	(2) 9 − 2	(3) 2 − 0	(4) 14 − 5	(5) 19 − 11
(6) 14 − 9	(7) 13 − 6	(8) 17 − 4	(9) 19 − 7	(10) 18 − 13
(11) 9 − 8	(12) 18 − 11	(13) 10 − 6	(14) 17 − 11	(15) 19 − 15
(16) 17 − 16	(17) 17 − 8	(18) 17 − 12	(19) 8 − 4	(20) 5 − 5
(21) 19 − 13	(22) 4 − 3	(23) 14 − 8	(24) 19 − 12	(25) 8 − 7
(26) 16 − 14	(27) 12 − 4	(28) 16 − 0	(29) 20 − 2	(30) 16 − 13
(31) 13 − 3	(32) 9 − 6	(33) 15 − 6	(34) 5 − 1	(35) 8 − 1
(36) 12 − 7	(37) 20 − 13	(38) 8 − 2	(39) 16 − 15	(40) 0 − 0

89

Subtract from 0-20

Time: ________

Score: _____/ 40

(1) 20 − 4	(2) 16 − 1	(3) 9 − 5	(4) 12 − 12	(5) 18 − 18
(6) 15 − 12	(7) 12 − 6	(8) 17 − 1	(9) 15 − 4	(10) 8 − 0
(11) 16 − 11	(12) 16 − 10	(13) 7 − 2	(14) 6 − 0	(15) 13 − 9
(16) 13 − 2	(17) 11 − 0	(18) 9 − 1	(19) 17 − 7	(20) 10 − 3
(21) 7 − 4	(22) 15 − 9	(23) 7 − 5	(24) 10 − 2	(25) 3 − 0
(26) 1 − 0	(27) 17 − 3	(28) 12 − 11	(29) 15 − 5	(30) 17 − 9
(31) 18 − 14	(32) 20 − 9	(33) 13 − 4	(34) 15 − 13	(35) 4 − 2
(36) 17 − 6	(37) 16 − 9	(38) 8 − 5	(39) 6 − 5	(40) 16 − 8

90

Subtract from 0-20

Time: __________

Score: _____/ 40

① 13 − 8	② 14 − 10	③ 17 − 10	④ 19 − 16	⑤ 16 − 7
⑥ 11 − 5	⑦ 10 − 5	⑧ 17 − 15	⑨ 15 − 1	⑩ 14 − 2
⑪ 20 − 14	⑫ 3 − 3	⑬ 10 − 1	⑭ 14 − 13	⑮ 13 − 5
⑯ 13 − 11	⑰ 15 − 2	⑱ 4 − 4	⑲ 19 − 8	⑳ 3 − 2
(21) 18 − 4	(22) 20 − 1	(23) 20 − 15	(24) 14 − 1	(25) 19 − 2
(26) 12 − 3	(27) 19 − 9	(28) 2 − 2	(29) 8 − 8	(30) 12 − 10
(31) 14 − 14	(32) 7 − 3	(33) 5 − 4	(34) 11 − 7	(35) 20 − 0
(36) 19 − 19	(37) 14 − 12	(38) 17 − 5	(39) 5 − 3	(40) 19 − 3

91

Subtract from 0-20

Time: ___________

Score: _____/ 40

(1) 18 − 3	(2) 18 − 17	(3) 13 − 0	(4) 5 − 2	(5) 18 − 9
(6) 12 − 1	(7) 18 − 10	(8) 18 − 2	(9) 18 − 12	(10) 4 − 0
(11) 14 − 11	(12) 6 − 1	(13) 15 − 15	(14) 19 − 4	(15) 15 − 8
(16) 11 − 6	(17) 15 − 0	(18) 17 − 14	(19) 20 − 3	(20) 20 − 5
(21) 19 − 1	(22) 20 − 18	(23) 16 − 5	(24) 7 − 6	(25) 18 − 6
(26) 18 − 1	(27) 19 − 0	(28) 18 − 0	(29) 6 − 4	(30) 12 − 0
(31) 11 − 1	(32) 20 − 6	(33) 19 − 14	(34) 15 − 7	(35) 19 − 6
(36) 9 − 3	(37) 10 − 4	(38) 13 − 12	(39) 16 − 3	(40) 20 − 20

92

Subtract from 0-20

Time: ________

Score: _____/ 40

(1) 8 − 6	(2) 17 − 0	(3) 8 − 3	(4) 11 − 11	(5) 20 − 16
(6) 14 − 3	(7) 19 − 10	(8) 7 − 1	(9) 19 − 17	(10) 13 − 7
(11) 15 − 3	(12) 11 − 2	(13) 20 − 19	(14) 12 − 8	(15) 12 − 2
(16) 20 − 5	(17) 11 − 3	(18) 3 − 2	(19) 12 − 0	(20) 12 − 10
(21) 13 − 11	(22) 20 − 18	(23) 4 − 4	(24) 15 − 0	(25) 18 − 16
(26) 17 − 15	(27) 19 − 6	(28) 14 − 0	(29) 9 − 6	(30) 7 − 4
(31) 15 − 3	(32) 12 − 7	(33) 10 − 9	(34) 17 − 13	(35) 20 − 6
(36) 19 − 2	(37) 6 − 0	(38) 12 − 6	(39) 4 − 2	(40) 14 − 14

93

Subtract from 0-20

Time: ________

Score: _____/ 40

① 6 − 2	② 6 − 3	③ 17 − 5	④ 10 − 0	⑤ 5 − 1
⑥ 19 − 10	⑦ 18 − 14	⑧ 20 − 3	⑨ 9 − 0	⑩ 13 − 0
⑪ 20 − 10	⑫ 13 − 13	⑬ 19 − 19	⑭ 13 − 4	⑮ 11 − 2
⑯ 10 − 5	⑰ 19 − 0	⑱ 13 − 9	⑲ 12 − 4	⑳ 17 − 4
(21) 9 − 1	(22) 4 − 0	(23) 9 − 7	(24) 18 − 18	(25) 13 − 7
(26) 20 − 0	(27) 16 − 12	(28) 0 − 0	(29) 9 − 8	(30) 13 − 2
(31) 19 − 12	(32) 16 − 5	(33) 2 − 1	(34) 12 − 3	(35) 12 − 12
(36) 15 − 4	(37) 18 − 3	(38) 14 − 8	(39) 13 − 5	(40) 8 − 3

94

Subtract from 0-20

Time: ________

Score: _____/ 40

(1) 17 − 7	(2) 6 − 1	(3) 1 − 0	(4) 12 − 11	(5) 10 − 1
(6) 20 − 1	(7) 16 − 0	(8) 14 − 4	(9) 19 − 9	(10) 16 − 3
(11) 11 − 1	(12) 9 − 2	(13) 11 − 10	(14) 16 − 9	(15) 14 − 3
(16) 20 − 7	(17) 7 − 0	(18) 14 − 6	(19) 8 − 1	(20) 20 − 4
(21) 18 − 9	(22) 2 − 2	(23) 3 − 1	(24) 20 − 13	(25) 17 − 2
(26) 13 − 12	(27) 5 − 2	(28) 9 − 9	(29) 17 − 14	(30) 7 − 5
(31) 7 − 6	(32) 15 − 1	(33) 5 − 4	(34) 17 − 9	(35) 13 − 3
(36) 19 − 18	(37) 12 − 9	(38) 15 − 7	(39) 20 − 14	(40) 14 − 11

95

Subtract from 0-20

Time: ______

Score: _____/ 40

(1) 13 − 8	(2) 20 − 12	(3) 18 − 15	(4) 10 − 7	(5) 18 − 5
(6) 17 − 8	(7) 16 − 6	(8) 20 − 17	(9) 14 − 1	(10) 11 − 11
(11) 15 − 2	(12) 18 − 7	(13) 14 − 12	(14) 11 − 0	(15) 20 − 20
(16) 16 − 11	(17) 10 − 4	(18) 11 − 9	(19) 18 − 11	(20) 6 − 6
(21) 11 − 7	(22) 18 − 4	(23) 5 − 3	(24) 15 − 14	(25) 20 − 15
(26) 1 − 1	(27) 18 − 17	(28) 20 − 11	(29) 6 − 5	(30) 18 − 10
(31) 18 − 13	(32) 9 − 5	(33) 16 − 13	(34) 17 − 0	(35) 18 − 0
(36) 19 − 1	(37) 17 − 3	(38) 16 − 7	(39) 8 − 4	(40) 3 − 3

96
Subtract from 0-20

Time: __________

Score: _____/ 40

(1) 15 − 13	(2) 16 − 2	(3) 7 − 7	(4) 12 − 5	(5) 18 − 8
(6) 9 − 4	(7) 11 − 6	(8) 20 − 9	(9) 8 − 2	(10) 15 − 12
(11) 4 − 1	(12) 8 − 8	(13) 5 − 0	(14) 19 − 11	(15) 15 − 10
(16) 16 − 8	(17) 19 − 3	(18) 17 − 1	(19) 16 − 1	(20) 15 − 6
(21) 11 − 8	(22) 19 − 5	(23) 13 − 1	(24) 20 − 8	(25) 3 − 0
(26) 18 − 6	(27) 15 − 11	(28) 17 − 16	(29) 14 − 9	(30) 19 − 4
(31) 14 − 13	(32) 14 − 10	(33) 11 − 5	(34) 18 − 2	(35) 7 − 3
(36) 5 − 5	(37) 13 − 10	(38) 14 − 7	(39) 10 − 2	(40) 2 − 0

97

Subtract from 0-20

Time: ________

Score: _____/ 40

(1) 19 − 13	(2) 20 − 2	(3) 7 − 2	(4) 4 − 3	(5) 15 − 8
(6) 16 − 15	(7) 16 − 14	(8) 10 − 10	(9) 9 − 3	(10) 14 − 2
(11) 19 − 16	(12) 19 − 17	(13) 20 − 16	(14) 12 − 1	(15) 17 − 17
(16) 15 − 15	(17) 15 − 9	(18) 8 − 0	(19) 13 − 6	(20) 17 − 12
(21) 16 − 16	(22) 16 − 10	(23) 6 − 4	(24) 19 − 8	(25) 18 − 12
(26) 19 − 7	(27) 7 − 1	(28) 16 − 4	(29) 8 − 6	(30) 19 − 14
(31) 10 − 3	(32) 15 − 5	(33) 17 − 6	(34) 19 − 15	(35) 10 − 8
(36) 8 − 5	(37) 17 − 11	(38) 10 − 6	(39) 8 − 7	(40) 17 − 10

98

Subtract from 0-20

Time: __________

Score: _____/ 40

(1) 14 − 5	(2) 11 − 4	(3) 20 − 19	(4) 18 − 1	(5) 5 − 0
(6) 7 − 0	(7) 19 − 15	(8) 13 − 12	(9) 13 − 5	(10) 20 − 10
(11) 16 − 0	(12) 9 − 2	(13) 10 − 6	(14) 10 − 3	(15) 18 − 7
(16) 17 − 4	(17) 11 − 10	(18) 7 − 2	(19) 18 − 10	(20) 17 − 0
(21) 17 − 13	(22) 19 − 14	(23) 10 − 8	(24) 16 − 15	(25) 17 − 6
(26) 16 − 1	(27) 11 − 4	(28) 3 − 0	(29) 15 − 2	(30) 20 − 5
(31) 8 − 3	(32) 0 − 0	(33) 13 − 8	(34) 11 − 1	(35) 16 − 10
(36) 17 − 2	(37) 19 − 6	(38) 16 − 14	(39) 20 − 6	(40) 10 − 4

99

Subtract from 0-20

Time: ________

Score: _____/ 40

(1) 5 − 5	(2) 10 − 2	(3) 17 − 15	(4) 18 − 3	(5) 15 − 10
(6) 10 − 5	(7) 1 − 0	(8) 17 − 9	(9) 5 − 3	(10) 17 − 8
(11) 17 − 11	(12) 20 − 0	(13) 20 − 17	(14) 20 − 3	(15) 13 − 13
(16) 18 − 14	(17) 15 − 4	(18) 19 − 3	(19) 18 − 4	(20) 12 − 8
(21) 12 − 3	(22) 14 − 14	(23) 14 − 7	(24) 19 − 19	(25) 18 − 15
(26) 11 − 5	(27) 7 − 3	(28) 14 − 8	(29) 17 − 5	(30) 14 − 6
(31) 11 − 7	(32) 20 − 20	(33) 9 − 3	(34) 20 − 7	(35) 15 − 9
(36) 7 − 4	(37) 5 − 1	(38) 19 − 8	(39) 9 − 5	(40) 7 − 6

100

Subtract from 0-20

Time: __________

Score: _____/ 40

(1) $19 - 2$	(2) $17 - 14$	(3) $16 - 13$	(4) $2 - 0$	(5) $4 - 3$
(6) $19 - 12$	(7) $6 - 5$	(8) $12 - 12$	(9) $19 - 5$	(10) $16 - 2$
(11) $6 - 3$	(12) $17 - 12$	(13) $14 - 12$	(14) $15 - 12$	(15) $8 - 2$
(16) $16 - 11$	(17) $15 - 8$	(18) $19 - 0$	(19) $11 - 8$	(20) $12 - 2$
(21) $18 - 2$	(22) $9 - 0$	(23) $12 - 0$	(24) $18 - 11$	(25) $14 - 9$
(26) $12 - 10$	(27) $14 - 0$	(28) $15 - 1$	(29) $8 - 0$	(30) $20 - 1$
(31) $6 - 0$	(32) $3 - 2$	(33) $18 - 18$	(34) $16 - 8$	(35) $14 - 5$
(36) $19 - 10$	(37) $14 - 10$	(38) $10 - 1$	(39) $19 - 1$	(40) $5 - 4$

Answer Key # 1

1. 2	2. 0	3. 0	4. 2	5. 1
6. 5	7. 0	8. 3	9. 1	10. 1
11. 0	12. 4	13. 2	14. 3	15. 4
16. 0	17. 1	18. 0	19. 1	20. 3
21. 2	22. 5	23. 0	24. 0	25. 1
26. 0	27. 2	28. 2	29. 0	30. 1
31. 3	32. 0	33. 4	34. 1	35. 1
36. 2	37. 3	38. 1	39. 2	40. 4

Answer Key # 2

1. 0	2. 3	3. 1	4. 3	5. 2
6. 1	7. 1	8. 0	9. 2	10. 0
11. 1	12. 0	13. 4	14. 4	15. 0
16. 0	17. 2	18. 3	19. 5	20. 0
21. 2	22. 1	23. 3	24. 0	25. 1
26. 2	27. 2	28. 3	29. 0	30. 0
31. 1	32. 5	33. 1	34. 0	35. 1
36. 2	37. 2	38. 0	39. 4	40. 1

Answer Key # 3

1. 0	2. 3	3. 4	4. 3	5. 3
6. 0	7. 3	8. 5	9. 0	10. 0
11. 2	12. 0	13. 1	14. 2	15. 3
16. 0	17. 1	18. 1	19. 4	20. 2
21. 1	22. 0	23. 1	24. 2	25. 4
26. 1	27. 2	28. 2	29. 0	30. 1
31. 1	32. 0	33. 0	34. 3	35. 5
36. 4	37. 1	38. 3	39. 1	40. 4

Answer Key # 4

1. 2	2. 0	3. 2	4. 0	5. 3
6. 0	7. 2	8. 0	9. 2	10. 1
11. 0	12. 4	13. 3	14. 2	15. 1
16. 1	17. 0	18. 2	19. 1	20. 0
21. 4	22. 0	23. 3	24. 3	25. 5
26. 1	27. 0	28. 2	29. 0	30. 1
31. 0	32. 2	33. 3	34. 0	35. 2
36. 4	37. 4	38. 3	39. 0	40. 1

Answer Key # 5

1. 1	2. 1	3. 0	4. 1	5. 2
6. 3	7. 5	8. 0	9. 1	10. 0
11. 4	12. 3	13. 1	14. 2	15. 4
16. 0	17. 1	18. 5	19. 0	20. 2
21. 2	22. 0	23. 1	24. 2	25. 3
26. 1	27. 0	28. 3	29. 0	30. 3
31. 2	32. 3	33. 2	34. 0	35. 0
36. 1	37. 2	38. 1	39. 4	40. 0

Answer Key # 6

1. 1	2. 2	3. 0	4. 3	5. 5
6. 0	7. 0	8. 1	9. 1	10. 4
11. 2	12. 1	13. 4	14. 1	15. 5
16. 0	17. 2	18. 1	19. 4	20. 3
21. 1	22. 1	23. 0	24. 0	25. 3
26. 0	27. 0	28. 3	29. 0	30. 2
31. 2	32. 2	33. 1	34. 3	35. 1
36. 1	37. 4	38. 2	39. 3	40. 0

Answer Key # 7

1. 0	2. 0	3. 2	4. 0	5. 4
6. 0	7. 5	8. 3	9. 0	10. 1
11. 1	12. 2	13. 3	14. 2	15. 3
16. 4	17. 0	18. 3	19. 1	20. 1
21. 4	22. 2	23. -2	24. 2	25. 2
26. 3	27. 0	28. 1	29. 4	30. 0
31. 0	32. 2	33. 0	34. 4	35. 2
36. 3	37. 0	38. 3	39. 0	40. 0

Answer Key # 8

1. 1	2. 4	3. 1	4. 2	5. 2
6. 3	7. 1	8. 2	9. 0	10. 3
11. 2	12. -2	13. 4	14. 0	15. 0
16. 2	17. 0	18. 0	19. 3	20. 0
21. -2	22. 4	23. 3	24. 3	25. 2
26. 3	27. 4	28. 2	29. 2	30. 1
31. 1	32. 2	33. 4	34. 1	35. 0
36. 4	37. 0	38. 0	39. 0	40. 3

Answer Key # 9

1. 0	2. 6	3. 1	4. 7	5. 1
6. 8	7. 9	8. 4	9. 8	10. 2
11. 2	12. 1	13. 3	14. 0	15. 5
16. 8	17. 1	18. 2	19. 3	20. 5
21. 2	22. 4	23. 0	24. 3	25. 1
26. 6	27. 4	28. 0	29. 10	30. 6
31. 0	32. 3	33. 5	34. 4	35. 7
36. 2	37. 7	38. 9	39. 5	40. 4

Answer Key # 10

1. 3	2. 5	3. 6	4. 6	5. 7
6. 1	7. 7	8. 3	9. 3	10. 0
11. 4	12. 5	13. 5	14. 4	15. 3
16. 0	17. 7	18. 9	19. 5	20. 8
21. 6	22. 10	23. 5	24. 0	25. 2
26. 7	27. 2	28. 0	29. 3	30. 1
31. 2	32. 8	33. 1	34. 4	35. 3
36. 1	37. 7	38. 0	39. 6	40. 4

Answer Key # 11

1. 6	2. 8	3. 5	4. 4	5. 6
6. 1	7. 6	8. 2	9. 9	10. 2
11. 1	12. 4	13. 4	14. 1	15. 1
16. 0	17. 3	18. 4	19. 9	20. 5
21. 6	22. 3	23. 4	24. 7	25. 6
26. 2	27. 4	28. 0	29. 3	30. 8
31. 7	32. 5	33. 3	34. 10	35. 8
36. 7	37. 1	38. 0	39. 8	40. 2

Answer Key # 12

1. 9	2. 7	3. 5	4. 6	5. 5
6. 5	7. 2	8. 1	9. 2	10. 6
11. 0	12. 6	13. 3	14. 2	15. 0
16. 6	17. 8	18. 2	19. 2	20. 1
21. 7	22. 10	23. 4	24. 3	25. 4
26. 0	27. 2	28. 0	29. 6	30. 7
31. 4	32. 0	33. 5	34. 6	35. 9
36. 8	37. 9	38. 7	39. 5	40. 6

Answer Key # 13

1. 6	2. 2	3. 2	4. 1	5. 3
6. 5	7. 3	8. 5	9. 1	10. 1
11. 5	12. 3	13. 7	14. 0	15. 4
16. 0	17. 1	18. 4	19. 3	20. 8
21. 1	22. 8	23. 1	24. 0	25. 1
26. 6	27. 2	28. 9	29. 8	30. 6
31. 4	32. 6	33. 9	34. 2	35. 1
36. 5	37. 2	38. 4	39. 7	40. 0

Answer Key # 14

1. 3	2. 3	3. 1	4. 0	5. 7
6. 7	7. 5	8. 6	9. 4	10. 0
11. 0	12. 7	13. 6	14. 4	15. 5
16. 10	17. 5	18. 3	19. 4	20. 2
21. 5	22. 8	23. 2	24. 3	25. 3
26. 6	27. 4	28. 1	29. 6	30. 7
31. 7	32. 3	33. 2	34. 4	35. 5
36. 10	37. 2	38. 4	39. 2	40. 8

Answer Key # 15

1. 5	2. 0	3. 0	4. 1	5. 5
6. 3	7. 0	8. 0	9. 3	10. 7
11. 5	12. 9	13. 6	14. 6	15. 7
16. 2	17. 4	18. 1	19. 8	20. 0
21. 9	22. 3	23. 1	24. 2	25. 1
26. 8	27. 5	28. 4	29. 6	30. 3
31. 6	32. 3	33. 5	34. 0	35. 2
36. 1	37. 9	38. 7	39. 1	40. 0

Answer Key # 16

1. 2	2. 3	3. 5	4. 2	5. 6
6. 8	7. 9	8. 3	9. 1	10. 0
11. 1	12. 3	13. 5	14. 7	15. 8
16. 2	17. 5	18. 4	19. 0	20. 4
21. 0	22. 4	23. 4	24. 2	25. 4
26. 10	27. 7	28. 3	29. 1	30. 6
31. 7	32. 6	33. 8	34. 5	35. 6
36. 0	37. 9	38. 3	39. 2	40. 0

Answer Key # 17

1. 0	2. 4	3. 0	4. 4	5. 4
6. 6	7. 0	8. 5	9. 8	10. 1
11. 4	12. 9	13. 4	14. 1	15. 1
16. 0	17. 0	18. 3	19. 6	20. 2
21. 3	22. 1	23. 1	24. 5	25. 2
26. 0	27. 3	28. 2	29. 4	30. 3
31. 2	32. 2	33. 3	34. 7	35. 8
36. 2	37. 1	38. 4	39. 6	40. 0

Answer Key # 18

1. 10	2. 7	3. 0	4. 8	5. 0
6. 5	7. 6	8. 3	9. 9	10. 2
11. 2	12. 6	13. 0	14. 7	15. 5
16. 3	17. 1	18. 1	19. 3	20. 1
21. 5	22. 5	23. 1	24. 2	25. 7
26. 0	27. 3	28. 1	29. 6	30. 4
31. 6	32. 0	33. 1	34. 10	35. 6
36. 5	37. 8	38. 0	39. 0	40. 1

Answer Key # 19

1. 0	2. 7	3. 1	4. 4	5. 3
6. 3	7. 3	8. 5	9. 3	10. 1
11. 7	12. 7	13. 5	14. 2	15. 2
16. 1	17. 4	18. 5	19. 2	20. 4
21. 5	22. 4	23. 1	24. 9	25. 7
26. 2	27. 2	28. 4	29. 2	30. 2
31. 0	32. 2	33. 1	34. 0	35. 0
36. 8	37. 4	38. 3	39. 5	40. 0

Answer Key # 20

1. 0	2. 3	3. 8	4. 0	5. 0
6. 1	7. 6	8. 9	9. 6	10. 3
11. 1	12. 2	13. 1	14. 7	15. 5
16. 7	17. -5	18. 5	19. 2	20. 4
21. 0	22. 8	23. 3	24. 4	25. 0
26. 4	27. 0	28. 4	29. 4	30. 9
31. 8	32. -4	33. 0	34. 7	35. -2
36. 8	37. -4	38. 5	39. 7	40. 4

Answer Key # 21

1. 4	2. 3	3. 0	4. 10	5. 3
6. 5	7. -4	8. 8	9. 3	10. 2
11. 9	12. 3	13. 9	14. 6	15. 4
16. 9	17. 0	18. -2	19. 1	20. 7
21. 5	22. 1	23. 2	24. 0	25. 5
26. -3	27. 9	28. 5	29. 1	30. 4
31. -4	32. 9	33. 1	34. -1	35. 9
36. 10	37. -5	38. 1	39. 8	40. 0

Answer Key # 22

1. 5	2. 0	3. 7	4. 0	5. 9
6. 0	7. 9	8. 3	9. 9	10. 9
11. 7	12. 4	13. 2	14. -4	15. 5
16. 1	17. -2	18. 1	19. 4	20. 3
21. -5	22. 1	23. 8	24. 5	25. 7
26. 5	27. 6	28. -5	29. 3	30. 1
31. 4	32. 5	33. 4	34. -4	35. 0
36. 1	37. 9	38. -3	39. 10	40. 4

Answer Key # 23

1. 8	2. -2	3. 8	4. 5	5. 4
6. 7	7. 3	8. 0	9. 5	10. 4
11. 3	12. -1	13. 4	14. 7	15. 2
16. 4	17. 9	18. 0	19. 10	20. -4
21. 1	22. 2	23. 9	24. -4	25. 1
26. 9	27. 8	28. -4	29. -2	30. 6
31. 4	32. 1	33. 4	34. -1	35. 10
36. -3	37. 3	38. 0	39. 8	40. 7

Answer Key # 24

1. 1	2. 4	3. 0	4. 3	5. 1
6. 5	7. 5	8. 5	9. 9	10. 9
11. 9	12. 7	13. 0	14. 9	15. 7
16. 2	17. 4	18. 0	19. 9	20. -4
21. 5	22. 0	23. 7	24. 9	25. -5
26. 8	27. 5	28. 4	29. 1	30. 3
31. 3	32. 1	33. 4	34. 0	35. 4
36. 7	37. -2	38. 10	39. 5	40. 3

Answer Key # 25

1. 8	2. 2	3. 4	4. -5	5. -4
6. 4	7. 0	8. -4	9. 2	10. 5
11. 9	12. -4	13. 5	14. 4	15. 4
16. 0	17. 7	18. 7	19. -1	20. 5
21. -2	22. 8	23. 5	24. 3	25. 0
26. 0	27. 1	28. 9	29. 10	30. 8
31. 8	32. 1	33. 10	34. 3	35. 9
36. -3	37. 3	38. 0	39. 1	40. 9

Answer Key # 26

1. -4	2. 0	3. 9	4. 2	5. 2
6. 4	7. 5	8. 2	9. 9	10. 4
11. 1	12. 3	13. 5	14. 8	15. 4
16. 4	17. 4	18. -5	19. 9	20. 7
21. -5	22. 4	23. -4	24. 0	25. 4
26. -4	27. 7	28. 1	29. 3	30. 7
31. 5	32. 1	33. 0	34. -2	35. 5
36. 6	37. 4	38. 1	39. 0	40. -1

Answer Key # 27

1. 1	2. 9	3. 0	4. 3	5. 7
6. 5	7. 9	8. 0	9. 4	10. 8
11. 7	12. 4	13. -4	14. 0	15. 1
16. 4	17. 5	18. -4	19. 4	20. 6
21. 2	22. 9	23. 0	24. -4	25. 7
26. 5	27. 2	28. 3	29. 10	30. 2
31. 8	32. 1	33. -4	34. 5	35. 4
36. 5	37. 1	38. -2	39. 9	40. -2

Answer Key # 28

1. 0	2. 8	3. 9	4. 3	5. 4
6. 4	7. 10	8. 4	9. 5	10. 9
11. 8	12. 1	13. 0	14. 7	15. -5
16. -3	17. 3	18. 3	19. 5	20. 7
21. -5	22. 9	23. -3	24. 4	25. 8
26. 7	27. 4	28. 1	29. 3	30. 4
31. 10	32. 5	33. -4	34. -4	35. 7
36. 4	37. -1	38. 5	39. 5	40. 5

Answer Key # 29

1. 2	2. 2	3. 4	4. 0	5. -4
6. 4	7. 5	8. 9	9. -4	10. 3
11. 4	12. -2	13. 8	14. 7	15. 8
16. 4	17. 0	18. 0	19. 9	20. 9
21. 9	22. 4	23. 8	24. 0	25. 9
26. 0	27. 7	28. 1	29. 1	30. 3
31. -2	32. -5	33. 1	34. -5	35. 1
36. 5	37. 1	38. 2	39. 5	40. 0

Answer Key # 30

1. 9	2. 9	3. 3	4. 0	5. 10
6. 6	7. 3	8. 7	9. 9	10. 7
11. 6	12. 5	13. 6	14. 4	15. 1
16. 1	17. -6	18. 9	19. 8	20. 3
21. 0	22. 2	23. 5	24. 9	25. 4
26. 4	27. 5	28. -1	29. 2	30. 3
31. 4	32. 0	33. -4	34. 1	35. 1
36. 2	37. 5	38. 6	39. 3	40. 3

Answer Key # 31

1. 3 2. 10 3. 10 4. 2 5. 6
6. 13 7. 4 8. 12 9. 1 10. 8
11. 0 12. 2 13. 13 14. 12 15. 9
16. 13 17. 8 18. 0 19. 15 20. 12
21. 3 22. 5 23. 2 24. 3 25. 6
26. 4 27. 5 28. 1 29. 7 30. 9
31. 0 32. 12 33. 8 34. 14 35. 11
36. 2 37. 2 38. 10 39. 1 40. 14

Answer Key # 32

1. 6 2. 3 3. 6 4. 8 5. 3
6. 5 7. 1 8. 7 9. 0 10. 4
11. 7 12. 10 13. 11 14. 6 15. 5
16. 4 17. 7 18. 9 19. 10 20. 5
21. 7 22. 11 23. 11 24. 4 25. 8
26. 1 27. 0 28. 9 29. 11 30. 9
31. 5 32. 9 33. 10 34. 5 35. 11
36. 11 37. 6 38. 9 39. 10 40. 8

Answer Key # 33

1. 5 2. 10 3. 7 4. 8 5. 1
6. 0 7. 3 8. 11 9. 4 10. 4
11. 0 12. 13 13. 1 14. 2 15. 9
16. 10 17. 9 18. 7 19. 5 20. 12
21. 1 22. 4 23. 8 24. 10 25. 8
26. 0 27. 13 28. 1 29. 0 30. 9
31. 12 32. 5 33. 3 34. 2 35. 15
36. 14 37. 11 38. 7 39. 3 40. 2

Answer Key # 34

1. 14 2. 11 3. 4 4. 3 5. 13
6. 6 7. 2 8. 7 9. 8 10. 12
11. 6 12. 0 13. 6 14. 12 15. 7
16. 2 17. 3 18. 6 19. 4 20. 1
21. 2 22. 6 23. 10 24. 1 25. 3
26. 0 27. 12 28. 5 29. 8 30. 0
31. 4 32. 8 33. 2 34. 1 35. 10
36. 4 37. 7 38. 10 39. 10 40. 6

Answer Key # 35

1. 4 2. 6 3. 13 4. 15 5. 10
6. 7 7. 9 8. 5 9. 1 10. 11
11. 11 12. 3 13. 7 14. 0 15. 12
16. 3 17. 6 18. 5 19. 7 20. 6
21. 9 22. 13 23. 4 24. 5 25. 5
26. 14 27. 4 28. 2 29. 0 30. 8
31. 1 32. 12 33. 3 34. 8 35. 1
36. 13 37. 7 38. 2 39. 3 40. 14

Answer Key # 36

1. 12 2. 11 3. 9 4. 11 5. 2
6. 11 7. 0 8. 9 9. 9 10. 8
11. 4 12. 7 13. 4 14. 10 15. 12
16. 10 17. 6 18. 0 19. 0 20. 11
21. 11 22. 8 23. 8 24. 6 25. 6
26. 14 27. 8 28. 9 29. 7 30. 12
31. 3 32. 5 33. 12 34. 14 35. 2
36. 1 37. 4 38. 10 39. 6 40. 13

Answer Key # 37

1. 9 2. 10 3. 5 4. 0 5. 2
6. 9 7. 2 8. 1 9. 13 10. 3
11. 0 12. 11 13. 1 14. 9 15. 6
16. 7 17. 11 18. 2 19. 5 20. 11
21. 15 22. 2 23. 8 24. 7 25. 3
26. 12 27. 5 28. 13 29. 3 30. 4
31. 5 32. 0 33. 7 34. 4 35. 9
36. 1 37. 3 38. 1 39. 10 40. 8

Answer Key # 38

1. 12 2. 12 3. 10 4. 12 5. 3
6. 1 7. 11 8. 2 9. 12 10. 5
11. 14 12. 9 13. 1 14. 14 15. 0
16. 5 17. 10 18. 9 19. 1 20. 2
21. 9 22. 5 23. 8 24. 4 25. 6
26. 15 27. 7 28. 7 29. 2 30. 1
31. 2 32. 13 33. 9 34. 10 35. 8
36. 0 37. 0 38. 6 39. 5 40. 11

Answer Key # 39

1. 5 2. 0 3. 7 4. 4 5. 1
6. 5 7. 4 8. 6 9. 0 10. 3
11. 0 12. 11 13. 1 14. 2 15. 9
16. 13 17. 0 18. 3 19. 3 20. 0
21. 1 22. 0 23. 0 24. 6 25. 4
26. 2 27. 13 28. 5 29. 7 30. 10
31. 2 32. 8 33. 4 34. 6 35. 9
36. 2 37. 0 38. 3 39. 10 40. 6

Answer Key # 40

1. 5 2. 13 3. 10 4. 2 5. 0
6. 5 7. 3 8. 0 9. 6 10. 4
11. 8 12. 2 13. 2 14. 12 15. 1
16. 1 17. 7 18. 0 19. 4 20. 5
21. 12 22. 11 23. 4 24. 5 25. 2
26. 12 27. 5 28. 7 29. 7 30. 9
31. 2 32. 9 33. 6 34. 2 35. 11
36. 9 37. 3 38. 0 39. 0 40. 5

Answer Key # 41

1. 8 2. 10 3. 2 4. 5 5. 7
6. 5 7. 8 8. 4 9. 1 10. 3
11. 11 12. 0 13. 1 14. 1 15. 3
16. 6 17. 0 18. 3 19. 3 20. 2
21. 9 22. 7 23. 0 24. 1 25. 4
26. 2 27. 8 28. 10 29. 3 30. 3
31. 4 32. 6 33. 12 34. 7 35. 6
36. 1 37. 6 38. 10 39. 1 40. 8

Answer Key # 42

1. 4 2. 11 3. 1 4. 7 5. 14
6. 2 7. 14 8. 1 9. 3 10. 8
11. 1 12. 1 13. 9 14. 4 15. 15
16. 8 17. 10 18. 4 19. 1 20. 10
21. 2 22. 6 23. 3 24. 2 25. 3
26. 7 27. 7 28. 0 29. 2 30. 6
31. 6 32. 9 33. 5 34. 0 35. 4
36. 4 37. 4 38. 2 39. 3 40. 8

Answer Key # 43

1. 7 2. 7 3. 2 4. 5 5. 7
6. 0 7. 8 8. 14 9. 3 10. 0
11. 3 12. 5 13. 5 14. 10 15. 1
16. 0 17. 5 18. 0 19. 3 20. 2
21. 5 22. 1 23. 4 24. 9 25. 2
26. 12 27. 4 28. 4 29. 3 30. 1
31. 5 32. 7 33. 13 34. 11 35. 6
36. 1 37. 4 38. 8 39. 9 40. 13

Answer Key # 44

1. 0 2. 6 3. 1 4. 5 5. 0
6. 6 7. 10 8. 1 9. 8 10. 3
11. 8 12. 1 13. 11 14. 7 15. 7
16. 0 17. 12 18. 12 19. 5 20. 3
21. 9 22. 1 23. 12 24. 10 25. 1
26. 0 27. 15 28. 1 29. 1 30. 14
31. 2 32. 8 33. 0 34. 7 35. 9
36. 4 37. 11 38. 6 39. 0 40. 11

Answer Key # 45

1. 2 2. 3 3. 5 4. 1 5. 2
6. 0 7. 6 8. 6 9. 1 10. 5
11. 8 12. 2 13. 3 14. 6 15. 8
16. 1 17. 10 18. 13 19. 4 20. 2
21. 11 22. 4 23. 3 24. 2 25. 0
26. 0 27. 0 28. 2 29. 9 30. 4
31. 9 32. 3 33. 3 34. 4 35. 5
36. 4 37. 3 38. 9 39. 9 40. 8

Answer Key # 46

1. 4	2. 8	3. 4	4. 9	5. 3
6. 0	7. 6	8. 11	9. 3	10. 5
11. 6	12. 12	13. 2	14. 4	15. 4
16. 0	17. 7	18. 3	19. 1	20. 7
21. 9	22. 7	23. 2	24. 0	25. 5
26. 7	27. 10	28. 13	29. 2	30. 2
31. 0	32. 5	33. 11	34. 5	35. 1
36. 0	37. 10	38. 14	39. 8	40. 2

Answer Key # 47

1. 0	2. 9	3. 6	4. 13	5. 5
6. 2	7. 0	8. 0	9. 11	10. 0
11. 3	12. 2	13. 0	14. 11	15. 1
16. 9	17. 1	18. 1	19. 1	20. 0
21. 8	22. 12	23. 1	24. 12	25. 10
26. 1	27. 8	28. 7	29. 3	30. 1
31. 13	32. 7	33. 1	34. 8	35. 5
36. 0	37. 7	38. 7	39. 14	40. 6

Answer Key # 48

1. 5	2. 5	3. 2	4. 0	5. 4
6. 6	7. 0	8. 8	9. 12	10. 6
11. 2	12. 3	13. 5	14. 1	15. 2
16. 0	17. 1	18. 6	19. 4	20. 1
21. 7	22. 2	23. 11	24. 3	25. 0
26. 9	27. 1	28. 6	29. 3	30. 4
31. 15	32. 2	33. 4	34. 10	35. 1
36. 2	37. 5	38. 2	39. 3	40. 3

Answer Key # 49

1. 10	2. 6	3. 8	4. 6	5. 3
6. 10	7. 4	8. 4	9. 11	10. -1
11. -5	12. 5	13. 6	14. -3	15. 0
16. 1	17. 0	18. 12	19. 14	20. -4
21. 14	22. 9	23. 9	24. 2	25. 5
26. 7	27. -9	28. 12	29. -3	30. 11
31. -1	32. 9	33. 9	34. 5	35. -2
36. 12	37. 3	38. 8	39. 2	40. 2

Answer Key # 50

1. 6	2. 5	3. 4	4. 10	5. -9
6. 8	7. 0	8. 8	9. 5	10. 3
11. 13	12. 8	13. 8	14. 13	15. -7
16. 13	17. 8	18. 9	19. 5	20. 4
21. 8	22. 5	23. 6	24. 8	25. 10
26. 8	27. 11	28. 5	29. 7	30. 2
31. 10	32. 3	33. 10	34. -7	35. 8
36. 7	37. 7	38. 11	39. 4	40. 9

Answer Key # 51

1. 9	2. 8	3. 2	4. 2	5. 7
6. -3	7. 6	8. 12	9. 7	10. 0
11. 11	12. -3	13. 10	14. -7	15. 14
16. 13	17. -9	18. 10	19. 2	20. 15
21. -2	22. 7	23. 10	24. -3	25. -1
26. -2	27. 11	28. -9	29. 4	30. 7
31. 8	32. -1	33. 6	34. 3	35. -2
36. 4	37. -2	38. 12	39. 0	40. 1

Answer Key # 52

1. 3	2. 6	3. -5	4. 4	5. 13
6. 1	7. 7	8. 2	9. 9	10. 13
11. 3	12. 12	13. 0	14. 1	15. 11
16. 4	17. 3	18. 15	19. 11	20. 2
21. 3	22. 0	23. 13	24. 6	25. 6
26. 12	27. 14	28. 5	29. 11	30. -4
31. -1	32. -3	33. 9	34. 4	35. 12
36. 13	37. 2	38. 9	39. -3	40. 2

Answer Key # 53

1. 13	2. 11	3. 14	4. 6	5. 9
6. 3	7. 6	8. 13	9. 9	10. 4
11. 1	12. 12	13. 13	14. 12	15. 15
16. 13	17. 4	18. 10	19. 12	20. 16
21. 10	22. 7	23. 8	24. 11	25. 6
26. 5	27. 5	28. 12	29. 14	30. 15
31. 3	32. 7	33. 15	34. 11	35. 3
36. 9	37. 19	38. 7	39. 17	40. 17

Answer Key # 54

1. 13	2. 4	3. 6	4. 2	5. 8
6. 11	7. 17	8. 16	9. 10	10. 14
11. 1	12. 9	13. 4	14. 17	15. 0
16. 8	17. 18	18. 5	19. 14	20. 16
21. 16	22. 7	23. 4	24. 8	25. 16
26. 9	27. 20	28. 11	29. 5	30. 8
31. 2	32. 15	33. 12	34. 2	35. 18
36. 7	37. 6	38. 5	39. 10	40. 19

Answer Key # 55

1. 18	2. 14	3. 10	4. 3	5. 15
6. 8	7. 10	8. 12	9. 4	10. 3
11. 5	12. 17	13. 15	14. 16	15. 10
16. 8	17. 19	18. 4	19. 6	20. 5
21. 15	22. 4	23. 1	24. 9	25. 10
26. 11	27. 10	28. 10	29. 9	30. 12
31. 12	32. 5	33. 13	34. 6	35. 8
36. 16	37. 14	38. 11	39. 3	40. 8

Answer Key # 56

1. 3	2. 13	3. 14	4. 15	5. 14
6. 11	7. 11	8. 7	9. 11	10. 9
11. 7	12. 16	13. 4	14. 19	15. 12
16. 2	17. 9	18. 20	19. 16	20. 17
21. 6	22. 18	23. 18	24. 13	25. 7
26. 5	27. 3	28. 2	29. 4	30. 1
31. 0	32. 2	33. 14	34. 12	35. 15
36. 13	37. 8	38. 9	39. 6	40. 17

Answer Key # 57

1. 14	2. 18	3. 7	4. 16	5. 6
6. 13	7. 7	8. 5	9. 17	10. 15
11. 10	12. 14	13. 8	14. 11	15. 16
16. 5	17. 12	18. 7	19. 9	20. 3
21. 12	22. 5	23. 15	24. 4	25. 14
26. 3	27. 9	28. 7	29. 7	30. 17
31. 6	32. 8	33. 3	34. 4	35. 13
36. 6	37. 16	38. 19	39. 10	40. 13

Answer Key # 58

1. 8	2. 6	3. 0	4. 3	5. 16
6. 9	7. 13	8. 14	9. 17	10. 11
11. 18	12. 9	13. 10	14. 10	15. 15
16. 11	17. 8	18. 11	19. 5	20. 1
21. 16	22. 5	23. 18	24. 14	25. 17
26. 5	27. 13	28. 4	29. 7	30. 14
31. 15	32. 1	33. 12	34. 20	35. 12
36. 10	37. 15	38. 6	39. 17	40. 19

Answer Key # 59

1. 13	2. 11	3. 2	4. 16	5. 6
6. 8	7. 4	8. 12	9. 9	10. 4
11. 15	12. 18	13. 7	14. 2	15. 2
16. 16	17. 6	18. 4	19. 5	20. 8
21. 7	22. 17	23. 13	24. 17	25. 20
26. 10	27. 12	28. 7	29. 8	30. 8
31. 14	32. 3	33. 5	34. 2	35. 2
36. 6	37. 7	38. 16	39. 12	40. 14

Answer Key # 60

1. 16	2. 0	3. 15	4. 14	5. 15
6. 11	7. 15	8. 9	9. 5	10. 9
11. 2	12. 5	13. 19	14. 3	15. 3
16. 6	17. 6	18. 7	19. 10	20. 18
21. 11	22. 13	23. 13	24. 11	25. 10
26. 10	27. 1	28. 1	29. 7	30. 15
31. 12	32. 10	33. 13	34. 12	35. 14
36. 9	37. 18	38. 4	39. 8	40. 4

Answer Key # 61

1. 13	2. 9	3. 15	4. 2	5. 9
6. 7	7. 6	8. 8	9. 6	10. 17
11. 0	12. 10	13. 0	14. 10	15. 4
16. 16	17. 0	18. 7	19. 10	20. 1
21. 4	22. 1	23. 4	24. 12	25. 6
26. 8	27. 7	28. 7	29. 18	30. 12
31. 16	32. 12	33. 16	34. 10	35. 7
36. 0	37. 11	38. 5	39. 2	40. 11

Answer Key # 62

1. 5	2. 15	3. 3	4. 9	5. 4
6. 6	7. 8	8. 7	9. 2	10. 4
11. 12	12. 6	13. 18	14. 13	15. 7
16. 13	17. 5	18. 10	19. 1	20. 1
21. 5	22. 14	23. 5	24. 12	25. 8
26. 8	27. 11	28. 10	29. 14	30. 0
31. 16	32. 0	33. 10	34. 14	35. 17
36. 13	37. 12	38. 3	39. 2	40. 3

Answer Key # 63

1. 8	2. 11	3. 11	4. 7	5. 1
6. 6	7. 15	8. 11	9. 3	10. 4
11. 1	12. 15	13. 17	14. 13	15. 11
16. 5	17. 20	18. 13	19. 15	20. 12
21. 4	22. 10	23. 11	24. 19	25. 2
26. 5	27. 5	28. 2	29. 5	30. 6
31. 6	32. 2	33. 12	34. 7	35. 4
36. 6	37. 5	38. 10	39. 8	40. 11

Answer Key # 64

1. 3	2. 9	3. 0	4. 3	5. 8
6. 9	7. 8	8. 18	9. 1	10. 13
11. 3	12. 14	13. 7	14. 14	15. 15
16. 13	17. 1	18. 1	19. 6	20. 14
21. 9	22. 2	23. 9	24. 16	25. 3
26. 4	27. 1	28. 19	29. 14	30. 2
31. 0	32. 11	33. 0	34. 9	35. 12
36. 4	37. 9	38. 10	39. 0	40. 8

Answer Key # 65

1. 9	2. 3	3. 17	4. 2	5. 3
6. 6	7. 4	8. 12	9. 0	10. 16
11. 16	12. 18	13. 17	14. 14	15. 10
16. 11	17. 2	18. 4	19. 8	20. 18
21. 11	22. 2	23. 7	24. 3	25. 6
26. 9	27. 0	28. 13	29. 11	30. 2
31. 14	32. 19	33. 5	34. 12	35. 16
36. 4	37. 7	38. 17	39. 14	40. 14

Answer Key # 66

1. 15	2. 13	3. 3	4. 8	5. 0
6. 3	7. 10	8. 6	9. 4	10. 1
11. 2	12. 11	13. 11	14. 0	15. 11
16. 6	17. 8	18. 9	19. 1	20. 7
21. 15	22. 7	23. 5	24. 12	25. 5
26. 0	27. 3	28. 14	29. 9	30. 2
31. 10	32. 13	33. 0	34. 6	35. 3
36. 10	37. 13	38. 4	39. 1	40. 12

Answer Key # 67

1. 19	2. 12	3. 2	4. 6	5. 13
6. 2	7. 12	8. 9	9. 3	10. 3
11. 11	12. 2	13. 1	14. 0	15. 8
16. 4	17. 7	18. 12	19. 11	20. 4
21. 9	22. 13	23. 7	24. 5	25. 9
26. 9	27. 14	28. 8	29. 13	30. 3
31. 16	32. 5	33. 1	34. 5	35. 7
36. 4	37. 6	38. 10	39. 6	40. 8

Answer Key # 68

1. 20	2. 10	3. 5	4. 7	5. 13
6. 0	7. 10	8. 8	9. 15	10. 6
11. 15	12. 15	13. 4	14. 16	15. 12
16. 6	17. 1	18. 1	19. 1	20. 7
21. 3	22. 1	23. 7	24. 12	25. 18
26. 15	27. 1	28. 8	29. 8	30. 17
31. 9	32. 11	33. 10	34. 5	35. 3
36. 9	37. 4	38. 2	39. 9	40. 17

Answer Key # 69

1. 14	2. 5	3. 11	4. 0	5. 2
6. 8	7. 10	8. 5	9. 10	10. 0
11. 1	12. 0	13. 6	14. 1	15. 1
16. 2	17. 5	18. 14	19. 0	20. 1
21. 3	22. 17	23. 13	24. 15	25. 6
26. 19	27. 13	28. 4	29. 7	30. 16
31. 7	32. 3	33. 2	34. 11	35. 10
36. 5	37. 15	38. 11	39. 4	40. 8

Answer Key # 70

1. 6	2. 13	3. 5	4. 8	5. 9
6. 12	7. 3	8. 12	9. 3	10. 14
11. 16	12. 10	13. 13	14. 0	15. 18
16. 0	17. 9	18. 0	19. 5	20. 2
21. 13	22. 4	23. 16	24. 6	25. 10
26. 13	27. 4	28. 10	29. 12	30. 16
31. 7	32. 10	33. 2	34. 0	35. 1
36. 14	37. 2	38. 11	39. 4	40. 17

Answer Key # 71

1. 1	2. 10	3. 17	4. 8	5. 14
6. 0	7. 8	8. 8	9. 3	10. 13
11. 1	12. 8	13. 7	14. 14	15. 5
16. 10	17. 5	18. 6	19. 12	20. 4
21. 15	22. 12	23. 9	24. 2	25. 17
26. 9	27. 7	28. 3	29. 18	30. 14
31. 8	32. 0	33. 0	34. 4	35. 15
36. 11	37. 6	38. 4	39. 19	40. 7

Answer Key # 72

1. 9	2. 11	3. 12	4. 15	5. 1
6. 16	7. 5	8. 7	9. 4	10. 9
11. 1	12. 8	13. 2	14. 10	15. 6
16. 8	17. 7	18. 6	19. 3	20. 3
21. 11	22. 11	23. 5	24. 10	25. 11
26. 5	27. 14	28. 2	29. 0	30. 2
31. 4	32. 3	33. 18	34. 6	35. 13
36. 12	37. 7	38. 1	39. 9	40. 10

Answer Key # 73

1. 2	2. 9	3. 7	4. 11	5. 12
6. 12	7. 9	8. 5	9. 6	10. 11
11. 9	12. 8	13. 20	14. 3	15. 15
16. 13	17. 20	18. 10	19. 14	20. 0
21. 8	22. 15	23. 11	24. 0	25. 12
26. 15	27. 0	28. 6	29. 8	30. 11
31. 10	32. 12	33. 9	34. 12	35. 17
36. 13	37. 1	38. 13	39. 16	40. 4

Answer Key # 74

1. 9	2. 1	3. 11	4. 5	5. 4
6. 5	7. 11	8. 9	9. 0	10. 0
11. 15	12. 18	13. 5	14. 12	15. 7
16. 4	17. 1	18. 4	19. 3	20. 2
21. 13	22. 9	23. 13	24. 2	25. 12
26. 2	27. 17	28. 7	29. 0	30. 2
31. 0	32. 8	33. 15	34. 10	35. 18
36. 16	37. 6	38. 4	39. 3	40. 10

Answer Key # 75

1. 13	2. 13	3. 15	4. 14	5. 5
6. 4	7. 8	8. 10	9. 1	10. 7
11. 9	12. 11	13. 3	14. 9	15. 14
16. 14	17. 4	18. 4	19. 11	20. 4
21. 2	22. 13	23. 4	24. 15	25. 16
26. 8	27. 19	28. 8	29. 6	30. 3
31. 10	32. 13	33. 3	34. 4	35. 3
36. 4	37. 8	38. 4	39. 2	40. 12

Answer Key # 76

1. 5	2. 11	3. 2	4. 9	5. 2
6. 6	7. 2	8. 16	9. 12	10. 4
11. 0	12. 5	13. 0	14. 15	15. 8
16. 2	17. 14	18. 2	19. 3	20. 0
21. 3	22. 10	23. 6	24. 6	25. 11
26. 13	27. 3	28. 8	29. 9	30. 10
31. 0	32. 3	33. 9	34. 6	35. 9
36. 1	37. 0	38. 7	39. 2	40. 6

Answer Key # 77

1. 3	2. 6	3. 6	4. 6	5. 4
6. 16	7. 1	8. 9	9. 15	10. 5
11. 5	12. 9	13. 18	14. 1	15. 7
16. 3	17. 2	18. 10	19. 0	20. 2
21. 9	22. 3	23. 12	24. 3	25. 1
26. 7	27. 0	28. 4	29. 12	30. 0
31. 17	32. 4	33. 4	34. 13	35. 7
36. 13	37. 2	38. 4	39. 1	40. 0

Answer Key # 78

1. 6	2. 0	3. 8	4. 2	5. 3
6. 7	7. 2	8. 17	9. 4	10. 11
11. 5	12. 0	13. 3	14. 0	15. 12
16. 18	17. 7	18. 1	19. 5	20. 0
21. 5	22. 6	23. 1	24. 7	25. 0
26. 12	27. 1	28. 10	29. 10	30. 10
31. 5	32. 2	33. 2	34. 5	35. 15
36. 6	37. 10	38. 1	39. 11	40. 2

Answer Key # 79

1. 12	2. 20	3. 1	4. 5	5. 9
6. 1	7. 8	8. 1	9. 8	10. 5
11. 1	12. 19	13. 14	14. 1	15. 2
16. 0	17. 11	18. 14	19. 13	20. 2
21. 6	22. 0	23. 5	24. 7	25. 1
26. 3	27. 9	28. 10	29. 8	30. 0
31. 7	32. 0	33. 7	34. 11	35. 4
36. 6	37. 8	38. 5	39. 17	40. 16

Answer Key # 80

1. 1	2. 16	3. 17	4. 3	5. 3
6. 8	7. 3	8. 4	9. 5	10. 15
11. 1	12. 18	13. 0	14. 11	15. 6
16. 7	17. 2	18. 8	19. 0	20. 5
21. 10	22. 12	23. 12	24. 0	25. 1
26. 14	27. 1	28. 7	29. 11	30. 7
31. 9	32. 7	33. 16	34. 2	35. 4
36. 5	37. 1	38. 5	39. 6	40. 16

Answer Key # 81

1. 6	2. 0	3. 13	4. 3	5. 2
6. 9	7. 12	8. 0	9. 13	10. 9
11. 1	12. 2	13. 7	14. 2	15. 5
16. 1	17. 0	18. 0	19. 11	20. 10
21. 6	22. 17	23. 9	24. 15	25. 2
26. 6	27. 2	28. 6	29. 9	30. 3
31. 14	32. 3	33. 9	34. 2	35. 13
36. 6	37. 7	38. 0	39. 1	40. 3

Answer Key # 82

1. 4	2. 8	3. 11	4. 6	5. 7
6. 0	7. 5	8. 1	9. 5	10. 8
11. 1	12. 10	13. 7	14. 11	15. 3
16. 0	17. 2	18. 1	19. 5	20. 0
21. 5	22. 1	23. 14	24. 0	25. 2
26. 4	27. 15	28. 5	29. 4	30. 4
31. 2	32. 7	33. 12	34. 9	35. 3
36. 1	37. 17	38. 14	39. 2	40. 7

Answer Key # 83

1. 4	2. 5	3. 4	4. 16	5. 1
6. 12	7. 6	8. 2	9. 20	10. 5
11. 19	12. 0	13. 10	14. 8	15. 5
16. 10	17. 0	18. 9	19. 1	20. 8
21. 4	22. 7	23. 17	24. 0	25. 9
26. 13	27. 6	28. 2	29. 3	30. 4
31. 4	32. 4	33. 8	34. 12	35. 8
36. 1	37. 10	38. 16	39. 18	40. 4

Answer Key # 84

1. 4	2. 10	3. 15	4. 2	5. 1
6. 14	7. 5	8. 0	9. 11	10. 1
11. 3	12. 15	13. 0	14. 8	15. 4
16. 7	17. 11	18. 11	19. 18	20. 13
21. 2	22. 7	23. 6	24. 1	25. 10
26. 3	27. 11	28. 0	29. 1	30. 3
31. 1	32. 3	33. 12	34. 7	35. 9
36. 12	37. 6	38. 5	39. 9	40. 4

Answer Key # 85

1. 15	2. 7	3. 17	4. 14	5. 13
6. 13	7. 16	8. 0	9. 9	10. 5
11. 6	12. 12	13. 3	14. 11	15. 1
16. 2	17. 5	18. 7	19. 9	20. 1
21. 0	22. 0	23. 0	24. 2	25. 4
26. 3	27. 14	28. 3	29. 10	30. 14
31. 10	32. 2	33. 3	34. 3	35. 4
36. 8	37. 8	38. 11	39. 18	40. 6

Answer Key # 86

1. 8	2. 5	3. 8	4. 11	5. 0
6. 6	7. 2	8. 0	9. 12	10. 19
11. 8	12. 10	13. 3	14. 10	15. 12
16. 7	17. 13	18. 8	19. 6	20. 15
21. 3	22. 1	23. 7	24. 13	25. 4
26. 2	27. 10	28. 2	29. 10	30. 3
31. 0	32. 0	33. 0	34. 12	35. 7
36. 4	37. 8	38. 2	39. 7	40. 3

Answer Key # 87

1. 4	2. 5	3. 3	4. 8	5. 9
6. 14	7. 10	8. 2	9. 10	10. 3
11. 15	12. 0	13. 3	14. 11	15. 5
16. 1	17. 0	18. 3	19. 3	20. 8
21. 1	22. 1	23. 10	24. 3	25. 9
26. 4	27. 5	28. 12	29. 10	30. 7
31. 0	32. 12	33. 13	34. 14	35. 4
36. 1	37. 0	38. 14	39. 1	40. 2

Answer Key # 88

1. 0	2. 7	3. 2	4. 9	5. 8
6. 5	7. 7	8. 13	9. 12	10. 5
11. 1	12. 7	13. 4	14. 6	15. 4
16. 1	17. 9	18. 5	19. 4	20. 0
21. 6	22. 1	23. 6	24. 7	25. 1
26. 2	27. 8	28. 16	29. 18	30. 3
31. 10	32. 3	33. 9	34. 4	35. 7
36. 5	37. 7	38. 6	39. 1	40. 0

Answer Key # 89

1. 16	2. 15	3. 4	4. 0	5. 0
6. 3	7. 6	8. 16	9. 11	10. 8
11. 5	12. 6	13. 5	14. 6	15. 4
16. 11	17. 11	18. 8	19. 10	20. 7
21. 3	22. 6	23. 2	24. 8	25. 3
26. 1	27. 14	28. 1	29. 10	30. 8
31. 4	32. 11	33. 9	34. 2	35. 2
36. 11	37. 7	38. 3	39. 1	40. 8

Answer Key # 90

1. 5	2. 4	3. 7	4. 3	5. 9
6. 6	7. 5	8. 2	9. 14	10. 12
11. 6	12. 0	13. 9	14. 1	15. 8
16. 2	17. 13	18. 0	19. 11	20. 1
21. 14	22. 19	23. 5	24. 13	25. 17
26. 9	27. 10	28. 0	29. 0	30. 2
31. 0	32. 4	33. 1	34. 4	35. 20
36. 0	37. 2	38. 12	39. 2	40. 16

Answer Key # 91

1. 15	2. 1	3. 13	4. 3	5. 9
6. 11	7. 8	8. 16	9. 6	10. 4
11. 3	12. 5	13. 0	14. 15	15. 7
16. 5	17. 15	18. 3	19. 17	20. 15
21. 18	22. 2	23. 11	24. 1	25. 12
26. 17	27. 19	28. 18	29. 2	30. 12
31. 10	32. 14	33. 5	34. 8	35. 13
36. 6	37. 6	38. 1	39. 13	40. 0

Answer Key # 92

1. 2	2. 17	3. 5	4. 0	5. 4
6. 11	7. 9	8. 6	9. 2	10. 6
11. 12	12. 9	13. 1	14. 4	15. 10
16. 15	17. 8	18. 1	19. 12	20. 2
21. 2	22. 2	23. 0	24. 15	25. 2
26. 2	27. 13	28. 14	29. 3	30. 3
31. 12	32. 5	33. 1	34. 4	35. 14
36. 17	37. 6	38. 6	39. 2	40. 0

Answer Key # 93

1. 4	2. 3	3. 12	4. 10	5. 4
6. 9	7. 4	8. 17	9. 9	10. 13
11. 10	12. 0	13. 0	14. 9	15. 9
16. 5	17. 19	18. 4	19. 8	20. 13
21. 8	22. 4	23. 2	24. 0	25. 6
26. 20	27. 4	28. 0	29. 1	30. 11
31. 7	32. 11	33. 1	34. 9	35. 0
36. 11	37. 15	38. 6	39. 8	40. 5

Answer Key # 94

1. 10	2. 5	3. 1	4. 1	5. 9
6. 19	7. 16	8. 10	9. 10	10. 13
11. 10	12. 7	13. 1	14. 7	15. 11
16. 13	17. 7	18. 8	19. 7	20. 16
21. 9	22. 0	23. 2	24. 7	25. 15
26. 1	27. 3	28. 0	29. 3	30. 2
31. 1	32. 14	33. 1	34. 8	35. 10
36. 1	37. 3	38. 8	39. 6	40. 3

Answer Key # 95

1. 5	2. 8	3. 3	4. 3	5. 13
6. 9	7. 10	8. 3	9. 13	10. 0
11. 13	12. 11	13. 2	14. 11	15. 0
16. 5	17. 6	18. 2	19. 7	20. 0
21. 4	22. 14	23. 2	24. 1	25. 5
26. 0	27. 1	28. 9	29. 1	30. 8
31. 5	32. 4	33. 3	34. 17	35. 18
36. 18	37. 14	38. 9	39. 4	40. 0

Answer Key # 96

1. 2	2. 14	3. 0	4. 7	5. 10
6. 5	7. 5	8. 11	9. 6	10. 3
11. 3	12. 0	13. 5	14. 8	15. 5
16. 8	17. 16	18. 16	19. 15	20. 9
21. 3	22. 14	23. 12	24. 12	25. 3
26. 12	27. 4	28. 1	29. 5	30. 15
31. 1	32. 4	33. 6	34. 16	35. 4
36. 0	37. 3	38. 7	39. 8	40. 2

Answer Key # 97

1. 6	2. 18	3. 5	4. 1	5. 7
6. 1	7. 2	8. 0	9. 6	10. 12
11. 3	12. 2	13. 4	14. 11	15. 0
16. 0	17. 6	18. 8	19. 7	20. 5
21. 0	22. 6	23. 2	24. 11	25. 6
26. 12	27. 6	28. 12	29. 2	30. 5
31. 7	32. 10	33. 11	34. 4	35. 2
36. 3	37. 6	38. 4	39. 1	40. 7

Answer Key # 98

1. 9	2. 7	3. 1	4. 17	5. 5
6. 7	7. 4	8. 1	9. 8	10. 10
11. 16	12. 7	13. 4	14. 7	15. 11
16. 13	17. 1	18. 5	19. 8	20. 17
21. 4	22. 5	23. 2	24. 1	25. 11
26. 15	27. 7	28. 3	29. 13	30. 15
31. 5	32. 0	33. 5	34. 10	35. 6
36. 15	37. 13	38. 2	39. 14	40. 6

Answer Key # 99

1. 0	2. 8	3. 2	4. 15	5. 5
6. 5	7. 1	8. 8	9. 2	10. 9
11. 6	12. 20	13. 3	14. 17	15. 0
16. 4	17. 11	18. 16	19. 14	20. 4
21. 9	22. 0	23. 7	24. 0	25. 3
26. 6	27. 4	28. 6	29. 12	30. 8
31. 4	32. 0	33. 6	34. 13	35. 6
36. 3	37. 4	38. 11	39. 4	40. 1

Answer Key # 100

1. 17	2. 3	3. 3	4. 2	5. 1
6. 7	7. 1	8. 0	9. 14	10. 14
11. 3	12. 5	13. 2	14. 3	15. 6
16. 5	17. 7	18. 19	19. 3	20. 10
21. 16	22. 9	23. 12	24. 7	25. 5
26. 2	27. 14	28. 14	29. 8	30. 19
31. 6	32. 1	33. 0	34. 8	35. 9
36. 9	37. 4	38. 9	39. 18	40. 1

Track your progress

Set	Time	Score
1		
2		
3		
4		
5		
6		
7		
8		
9		
10		
11		
12		
13		
14		
15		
16		
17		
18		
19		
20		
21		
22		
23		
24		
25		

Set	Time	Score
26		
27		
28		
29		
30		
31		
32		
33		
34		
35		
36		
37		
38		
39		
40		
41		
42		
43		
44		
45		
46		
47		
48		
49		
50		

Set	Time	Score
51		
52		
53		
54		
55		
56		
57		
58		
59		
60		
61		
62		
63		
64		
65		
66		
67		
68		
69		
70		
71		
72		
73		
74		
75		

Set	Time	Score
76		
77		
78		
79		
80		
81		
82		
83		
84		
85		
86		
87		
88		
89		
90		
91		
92		
93		
94		
95		
96		
97		
98		
99		
100		

Made in United States
North Haven, CT
05 November 2026

21777137R00061